青少年人工智能编程 启蒙丛书

机械零部件与机械CAD技术

苏小明　李　露　曾波林　主　编
王正来　黄　冠　向新科　龚运新　副主编

清华大学出版社
北京

内 容 简 介

本书通过机械积木认识基本的机械零部件：螺纹、螺母、螺栓、螺柱、螺钉、轴、轮轴、滑轮、齿轮、轮系、齿轮传动、链条、链轮、链轮传动和V带，再将零部件组成简单有趣的应用产品或艺术品，这些美观实用的产品，极具趣味性，能够进一步提高课程吸引力；然后用计算机辅助设计软件机械CAD制作出这些产品的设计图，将玩积木上升为技术设计和学习使用计算机辅助设计应用软件CAD，玩积木和学知识有机融合，保证知识的无缝衔接，平稳过渡，真正做到学中玩、玩中学。

本书可作为中小学人工智能入门教材，由于本书内容科学、专业，也可作为第三方进校园单位首选教材，学校社团活动使用教材，学校课后服务（托管服务）课程、科创课程可选教材，校外培训机构和社团机构相关专业可选教材，还可作为自学人员自学教材或家长辅导孩子的指导书。

版权所有，侵权必究。举报：010-62782989，beiqinquan@tup.tsinghua.edu.cn。

图书在版编目（CIP）数据

机械零部件与机械CAD技术．上／苏小明，李露，曾波林主编．-- 北京：清华大学出版社，2024. 9.
（青少年人工智能编程启蒙丛书）. -- ISBN 978-7-302-67291-3

Ⅰ. TH13-49；TH126-49

中国国家版本馆CIP数据核字第2024976U5V号

责任编辑： 袁勤勇　薛　阳
封面设计： 刘　键
责任校对： 韩天竹
责任印制： 刘　菲

出版发行： 清华大学出版社
网　　址： https://www.tup.com.cn，https://www.wqxuetang.com
地　　址： 北京清华大学学研大厦A座　　**邮　　编：** 100084
社 总 机： 010-83470000　　**邮　　购：** 010-62786544
投稿与读者服务： 010-62776969, c-service@tup.tsinghua.edu.cn
质量反馈： 010-62772015, zhiliang@tup.tsinghua.edu.cn
课件下载： https://www.tup.com.cn,010-83470236
印 装 者： 三河市铭诚印务有限公司
经　　销： 全国新华书店
开　　本： 185mm×260mm　　**印　　张：** 9.75　　**字　　数：** 146千字
版　　次： 2024年9月第1版　　**印　　次：** 2024年9月第1次印刷
定　　价： 39.00元

产品编号：103098-01

主　任： 郑刚强　陈桂生

副主任： 谢平升　李　理

成　员： 汤淑明　王金桥　马于涛　李尧东　龚运新　周时佐
柯晨瑰　邓正辉　刘泽仁　陈新星　张雅凤　苏小明
王正来　谌受柏　涂正元　胡佐珍　易　强　李　知
向俊雅　郭翠琴　洪小娟

策　划： 袁勤勇　龚运新

新时代赋予新使命，人工智能正在从机器学习、深度学习快速迈入大模型通用智能（AGI）时代，新一代认知人工智能赋能千行百业转型升级，对促进人类生产力创新可持续发展具有重大意义。

创新的源泉是发现和填补生产力体系中的某种稀缺性，而创新本身是21世纪人类最为稀缺的资源。若能以战略科学设计驱动文化艺术创意体系化植入科学技术工程领域，赋能产业科技创新升级高质量发展甚至撬动人类产业革命，则中国科技与产业领军世界指日可待，人类文明可持续发展才有希望。

国家要发展，主要内驱力来自精神信念与民族凝聚力！从人工智能的视角看，国家就像是由14亿台神经计算机组成的机群，信仰是神经计算机的操作系统，精神是神经计算机的应用软件，民族凝聚力是神经计算机网络执行国际大事的全维度能力。

战略科学设计如何回答钱学森之问？从关键角度简要解读如下。

（1）设计变革：从设计技术走向设计产业化战略。

（2）产业变革：从传统产业走向科创上市产业链。

（3）科技变革：从固化学术研究走向院士创新链。

（4）教育变革：从应试型走向大成智慧教育实践。

（5）艺术变革：从细分技艺走向各领域尖端哲科。

（6）文化变革：从传承创新走向人类文明共同体。

（7）全球变革：从存量博弈走向智慧创新宇宙观。

宇宙维度多重，人类只知一角，是非对错皆为幻象。常规认知与高维认知截然不同，从宇宙高度考虑问题相对比较客观。前人理论也可颠覆，毕竟宇宙之大，人类还不足以窥见万一。

探索创新精神，打造战略意志；
成功核心，在于坚韧不拔信念；
信念一旦确定，百慧自然而生。

丛书顾问委员会由俄罗斯自然科学院院士、武汉理工大学教授郑刚强，清华大学博士陈桂生，湖南省教育督导评估专家谢平升，麻城市博达学校校长李理，中国科学院自动化研究所研究员汤淑明，武汉人工智能研究院研究员、院长王金桥，武汉大学计算机学院智能化研究所教授马于涛，麻城市博达学校董事长李尧东，无锡科技职业学院教授龚运新，黄冈市黄梅县教育局周时佐，麻城市博达学校董事李知，黄冈市黄梅县实验小学向俊雅、郭翠琴，黄冈市黄梅县八角亭中学洪小娟等组成。

人工智能教育已经开展了十几年。这十几年来，市场上不乏一些好教材，但是很难找到一套适合的、系统化的教材。学习一下图形化编程，操作一下机器人、无人机和无人车，这些零散的、碎片化的知识对于想系统学习的读者来说很难，入门较慢，也培养不出专业人才。近些年，国家已制定相关文件推动和规范人工智能编程教育的发展，并将编程教育纳入中小学相关课程。

鉴于以上事实，编委会组织专家团队，集合多年在教学一线的教师编写了这套教材，并进行了多年教学实践，探索了教师培训和选拔机制，经过多次教学研讨，反复修改，反复总结提高，现将付梓出版发行。

人工智能知识体系包括软件、硬件和理论，中小学只能学习基本的硬件和软件。硬件主要包括机械和电子，软件划分为编程语言、系统软件、应用软件和中间件。在初级阶段主要学习编程软件和应用软件，再用编程软件控制简单硬件做一些简单动作，这样选取的机械设计、电子控制系统硬件设计和软件 3 部分内容就组成了人工智能教育阶段的入门知识体系。

本丛书在初级阶段首先用电子积木和机械积木作为实验设备，选择典型、常用的电子元器件和机械零部件，先了解认识，再组成简单、有趣的应用产品或艺术品；接着用 CAD（计算机辅助设计）软件制作出这些产品的原理图或机械图，将玩积木上升为技术设计和学习 CAD 软件。这样将玩积木和学知识有机融合，可保证知识的无缝衔接，平稳过渡，通过几年的教学实践，取得了较好效果。

中级阶段学习图形化编程，也称为 2D 编程。本书挑选生活中适合中小学生年龄段的内容，做到有趣、科学，在编写程序并调试成功的过程中，发展思维、提高能力。在每个项目中均融入相关学科知识，体现了专业性、严谨性。特别是图形化编程适合未来无代码或少代码的编程趋势，满足大众学习编程的需求。

图形化编程延续玩积木的思路，将指令做成积木块形式，编程时像玩积木一样将指令拼装好，一个程序就编写成功，运行后看看结果是否正确，不正确再修改，直到正确为止。从这里可以看出图形化编程不像语言编程那样有完善的软件开发系统，该系统负责程序的输入，运行，指令错误检查，调试（全速、单步、断点运行）。尽管软件不太完善，但对于初学者而言还是一种有趣的软件，可作为学习编程语言的一种过渡。

在图形化编程入门的基础上，进一步学习三维编程，在维度上提高一维，难度进一步加大，三维动画更加有趣，更有吸引力。本丛书注重编写程序全过程能力培养，从编程思路、程序编写、程序运行、程序调试几方面入手，以提高读者独立编写、调试程序的能力，培养读者的自学能力。

在图形化编程完全掌握的基础上，学习用图形化编程控制硬件，这是软件和硬件的结合，难度进一步加大。《图形化编程控制技术（上）》主要介绍单元控制电路，如控制电路设计、制作等技术。《图形化编程控制技术（下）》介绍用 Mind+ 图形化编程控制一些常用的、有趣的智能产品。一个智能产品要经历机械设计、机械 CAD 制图、机械组装制造、电气电路设计、电路电子 CAD 绘制、电路元器件组装调试、Mind+ 编程及调试等过程，这两本书按照这一产品制造过程编写，让读者知道这些工业产品制造的全部知识，弥补市面上教材的不足，尽可能让读者经历现代职业、工业制造方面的训练，从而培养智能化、工业社会所需的高素质人才。

高级阶段学习 Python 编程软件，这是一款应用较广的编程软件。这一阶段正式进入编程语言的学习，难度进一步加大。编写时尽量讲解编程方法、基本知识、基本技能。这一阶段是在《图形化编程控制技术（上）》的基础上学习 Python 控制硬件，硬件基本没变，只是改用 Python 语言编写程序，更高阶段可以进一步学习 Python、C、C++ 等语言，硬件方面可以学习单片机、3D 打印机、机器人、无人机等。

本丛书按核心知识、核心素养来安排课程，由简单到复杂，体现知识的递进性，形成层次分明、循序渐进、逻辑严谨的知识体系。在内容选择上，尽量以趣味性为主、科学性为辅，知识技能交替进行，内容丰富多彩，采用各种方法激活学生兴趣，尽可能展现未来科技，为读者打开通向未来的一扇窗。

我国是制造业大国，与之相适应的教育体系仍在完善。在义务教育阶段，职业和工业体系的相关内容涉及较少，工业产品的发明创造、工程知识、工匠精神等方面知识较欠缺，只能逐步将这些内容渗透到入门教学的各环节，从青少年抓起。

丛书编写时，坚持“五育并举，学科融合”这一教育方针，并贯彻到教与学的每个环节中。本丛书采用项目式体例编写，用一个个任务将相关知识有机联系起来。例如，编程显示语文课中的诗词、文章，展现语文课中的情景，与语文课程紧密相连，编程进行数学计算，进行数学相关知识学习。此外，还可以编程进行英语方面的知识学习，创建多学科融合、共同提高、全面发展的教材编写模式，探索多学科融合，共同提高，达到考试分数高、综合素质高的教育目标。

五育是德、智、体、美、劳。将这五育贯穿在教与学的每个过程中，在每个项目中学习新知识进行智育培养的同时，进行其他四育培养。每个项目安排的讨论和展示环节，引导读者团结协作、认真做事、遵守规章，这是教学过程中的德育培养。提高读者语文的写作和表达能力，要求编程界面美观，书写工整，这是美育培养。加大任务量并要求快速完成，做事吃苦耐劳，这是在实践中同时进行的劳育与体育培养。

本丛书特别注重思维能力的培养，知识的扩展和知识图谱的建立。为打破学科之间的界限，本丛书力图进行学科融合，在每个项目中全面介绍项目相关的知识，丰富学生的知识广度，加深读者的知识深度，训练读者的多向思维，从而形成解决问题的多种思路、多种方法、多种技能，培养读者的综合能力。

本丛书将学科方法、思想、哲学贯穿到教与学的每个环节中。在编写时将学科思想、学科方法、学科哲学在各项目中体现。每个学科要掌握的方法和思想很多，具体问题要具体分析。例如编写程序，编写时选用面向过程还是面向对象的方法编写程序，就是编程思想；程序编写完成后，编译程序、运行程序、观察结果、调试程序，这些是方法；指令是怎么发明的，指令在计算机中是怎么运行的，指令如何执行……这些问题里蕴含了哲学思想。以上内容在书中都有涉及。

本丛书特别注重读者工程方法的学习，工程方法一般包括 6 个基本步骤，分别是想法、概念、计划、设计、开发和发布。在每个项目中，对这 6 个步骤有些删减，可按照想法（做个什么项目）、计划（怎么做）、开发（实际操作）、展示（发布）这 4 步进行编写，让学生知道这些方法，从而培养做事的基本方法，养成严谨、科学、符合逻辑的思维方法。

教育是一个系统工程，包括社会、学校、家庭各方面。教学过程建议培训家长，指导家庭购买计算机，安装好学习软件，在家中进一步学习。对于优秀学生，建议继续进入专业培训班或机构加强学习，为参加信息奥赛及各种竞赛奠定基础。这样，社会、学校、家庭就组成了一个完整的编程教育体系，读者在家庭自由创新学习，在学校接受正规的编程教育，在专业培训班或机构进行系统的专业训练，环环相扣，循序渐进，为国家培养更多优秀人才。国家正在推动“人工智能”“编程”“劳动”“科普”“科创”等课程逐步走进校园，本丛书编委会正是抓住这一契机，全力推进这些课程进校园，为建设国家完善的教育生态系统而努力。

本丛书特别为人工智能编程走进学校、走进家庭而写，为系统化、专业化培养人工智能人才而作，旨在从小唤醒读者的意识、激活编程兴趣，为读者打开窥探未来技术的大门。本丛书适用于父母对幼儿进行编程启蒙教育，可作为中小学生“人工智能”编程教材、培训机构教材，也可作为社会人员编程培训的教材，还适合对图形化编程有兴趣的自学人员使用。读者可以改变现有游戏规则，按自己的兴趣编写游戏，变被动游戏为主动游戏，趣味性较高。

“编程”课程走进中小学课堂是一次新的尝试，尽管进行了多年的教学实践和多次教材研讨，但限于编者水平，书中不足之处在所难免，敬请读者批评指正。

丛书顾问委员会

2024 年 5 月

近些年，国家已制定相关文件推动和规范编程教育的发展，将编程教育纳入中小学相关课程。为了帮助老师更有效地进行编程教育，让学生学好每节编程课，特组织多年在教学一线的教师编写了一套教材，并经过多次教学研讨、反复修改、反复总结提高后，现将付诸出版发行。

本套教材在初级阶段用常用的电子积木和机械积木作为实验设备，先了解认识典型、常用的电子元器件和机械零部件，再组成简单有趣的应用产品或艺术品，然后用计算机辅助设计软件 CAD 制作出这些产品的原理图或机械图，将玩积木上升为技术设计和学习使用计算机辅助设计软件 CAD，玩积木和学知识有机融合，保证知识的无缝衔接，平稳过渡，通过几年教学实践，取得了较好效果。

本册通过机械积木认识基本的机械零部件：螺纹、螺母、螺栓、螺柱、螺钉、轴、轮轴、滑轮、齿轮、轮系、齿轮传动、链条、链轮、链轮传动和 V 带，再将零部件组成简单有趣的应用产品或艺术品，这些美观实用的产品，极具趣味性，能够进一步提高课程吸引力；然后用计算机辅助设计软件机械 CAD 制作出这些产品的设计图。彩色插图可扫描相应二维码查看。

本书由麻城市博达学校苏小明、麻城市职业教育集团李露、麻城市第一中学曾波林担任主编，麻城市博达学校王正来、黄冠，黄梅县第三小学向新科，无锡科技职业学院龚运新担任副主编。

人工智能是当今迅速发展的产业，一切还在快速发展和创新，是一个全新事物，本书存在的不足之处，敬请广大读者见谅。

需要书中配套材料包的读者可发送邮件至 33597123@qq.com 咨询。

编　者

2024 年 6 月

目
录

项目1 螺 纹

螺纹是一种机械零件，主要用途是连接、固定和调整。特别是在工业生产中，螺纹因其方便使用、易于维护等优点被广泛应用于工业、农业、建筑、交通、电子等各领域。

任务 1.1　认 识 螺 纹

在圆柱或圆锥表面上，沿着螺旋线所形成的具有规定牙型的连续凸起。凸起是指螺纹两侧面的实体部分，又称牙。

1.1.1　螺纹的种类

（1）按牙型可分为三角形、梯形、矩形、锯齿形和圆弧形螺纹。

（2）按螺纹旋向可分为左旋和右旋。

（3）按螺旋线条数可分为单线和多线。

（4）按螺纹母体形状分为圆柱和圆锥等。

螺纹的外形和用途如表 1-1 所示。

表 1-1　螺纹的外形和用途

螺纹种类			特征代号	外形图	用　　途
联接螺纹	普通螺纹	粗牙	M		是最常用的连接螺纹
		细牙			用于细小的精密零件或薄壁零件
	管螺纹		G		用于水管、油管、气管等薄壁管子的管路连接
传动螺纹	梯形螺纹		Tr		用于各种机床的丝杠，起传动作用
	锯齿形螺纹		B		只能传递单方向动力

1.1.2　螺纹的参数

螺纹的基础是圆轴表面的螺旋线。通常若螺纹的截面为三角形，则称为三角螺纹；截面为梯形，称为梯形螺纹；截面为锯齿形，称为锯齿形螺纹；

截面为方形，称为方牙螺纹；截面为圆弧形，称为圆弧形螺纹等。下面以圆柱螺纹主要几何参数加以说明。

（1）外径（大径），与外螺纹牙顶或内螺纹牙底相重合的假想圆柱体直径。

（2）内径（小径），与外螺纹牙底或内螺纹牙顶相重合的假想圆柱体直径。

（3）中径，母线通过牙型上凸起和沟槽两者宽度相等处的假想圆柱体直径。

（4）螺距，相邻牙在中径线上对应两点间的轴向距离。

（5）导程，同一螺旋线上相邻牙在中径线上对应两点间的轴向距离。

（6）牙型角，螺纹牙型上相邻两牙侧间的夹角。

（7）螺纹升角，中径圆柱或中径圆锥上，螺旋线的切线与垂直于螺纹轴线的平面之间的夹角。

（8）工作高度，两相配合螺纹牙型上相互重合部分在垂直于螺纹轴线方向上的距离。螺纹的公称直径除管螺纹以管子内径为公称直径外，其余都以外径为公称直径。螺纹已标准化，有米制（公制）和英制两种，中国采用国际标准使用米制。

1.1.3　螺纹的用途

螺纹用途很多，不同螺纹应用场合不同，作用也不同，下面简要介绍常见螺纹的功能和应用。

普通螺纹：牙形为三角形，用于连接或紧固零件。普通螺纹按螺距分为粗牙螺纹和细牙螺纹两种，细牙螺纹的连接强度更高。

传动螺纹：牙型有梯形、矩形、锯形及三角形等，可以传递轴向的动力。

密封螺纹：用于密封连接，主要是管螺纹、锥螺纹与锥管螺纹。

任务 1.2　螺纹艺术品

螺纹应用在很多方面，为了更好地了解螺纹相关知识，请自己动手做一个螺纹玩具，研究和思考螺纹的基本规律。

所需的材料和工具：手工丝带（缎带）、细木棍或铅笔、玉米淀粉、水、透明胶带或夹子、剪刀、喷瓶。

手工丝带变成螺纹形状的方法和步骤如下。

（1）先准备一根用于缠绕丝带的棍子——细木棍、铅笔、筷子、水管等，如图 1-1 所示。棍子越粗，丝带的螺纹就越大，反之则越小。

（2）制作淀粉水，1 汤匙淀粉加入 400 mL 水，放在喷瓶里摇匀，让淀粉完全融化，如图 1-2 所示。

（3）剪下所需的丝带长度，如图 1-3 所示。丝带变成螺纹形状后，长度会缩短，应剪得长一点。

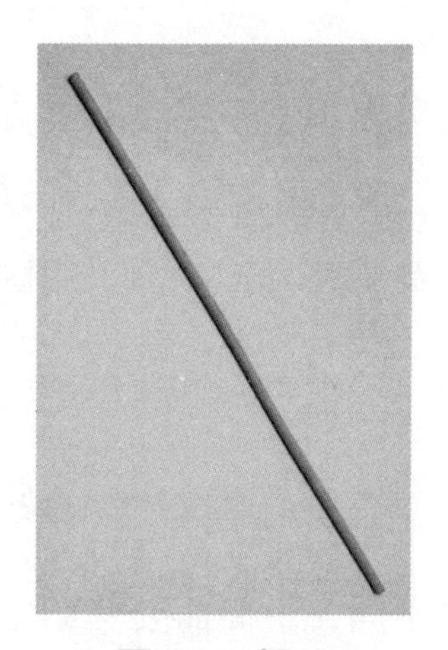

图 1-1　棍子

图 1-2　淀粉水

图 1-3　丝带

（4）将丝带的一端，用胶带固定在棍子的一端，如图 1-4 所示。

（5）慢慢地将缎带缠绕在棍子上，可以每一圈紧密相连，如图 1-5 所示。也可以每一圈之间都留出大致相同的空隙，如图 1-6 所示。

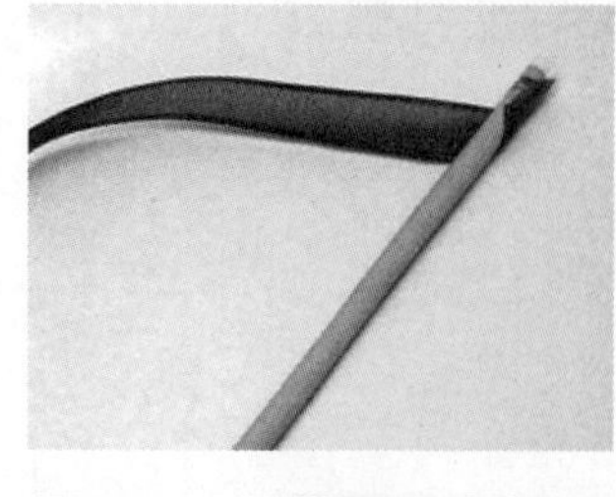

图 1-4　丝带固定在棍子一端

图 1-5　无空隙的效果

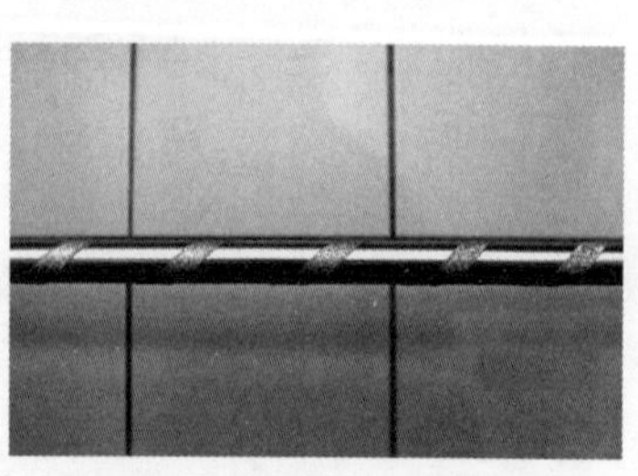

图 1-6　有空隙的效果

（6）缠绕到棍子末端，将丝带用胶带固定，如图 1-7 所示。

（7）将棍子放在水槽或者脸盆里，均匀喷上准备好的淀粉水，如图 1-8 所示。

（8）静置晾干，如图 1-9 所示。完全干燥后，将两端的胶带去掉，小心地从棍子上取下丝带。现在，丝带就是螺纹形状了，只要不用水洗，上浆后的丝带就会保持这样的形状。

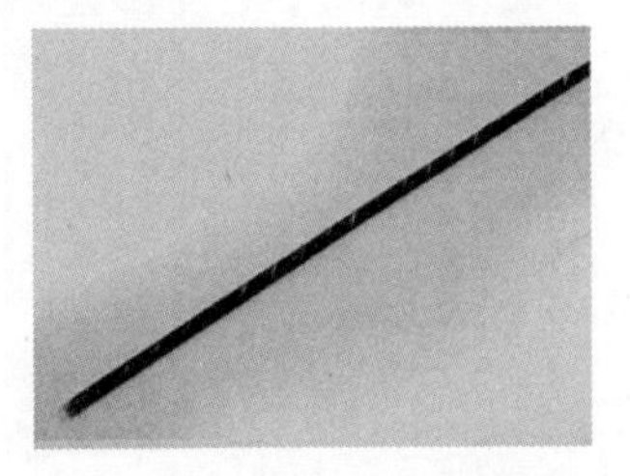

图 1-7　丝带固定在棍子末端

图 1-8　喷上淀粉水

图 1-9　静置晾干

任务 1.3　机械 CAD 设计螺纹

以上螺纹可以在中望机械 CAD 软件中进行演示、修改、制作，只要输入各种螺纹参数，一个符合要求的螺纹就设计成功，也可出具设计图纸进行生产。下面具体介绍设计方法。

双击“中望 3D”图标，如图 1-10 所示，打开软件主页面，单击“打开”按钮，弹出“打开”对话框，选择“螺纹”文件，单击“打开”按钮。

如图 1-11 所示，打开后找到并单击“管理器”按钮，打开命令栏，找到“螺纹草图”。

在“造型”栏中单击“螺纹”按钮，打开“螺纹”对话框，如图 1-12 所示设置如下参数：“面”选择上端圆柱体“F3”，“轮廓”选择“螺纹草图”，“匝数”设置为 19，“距离”设置为 11mm，“布尔运算”选择“减运算”，“收尾”选择“终点”，“半径”设置为 5mm。设置完成后单击“确认”按钮即可完成一张螺纹图，如图 1-13 所示。

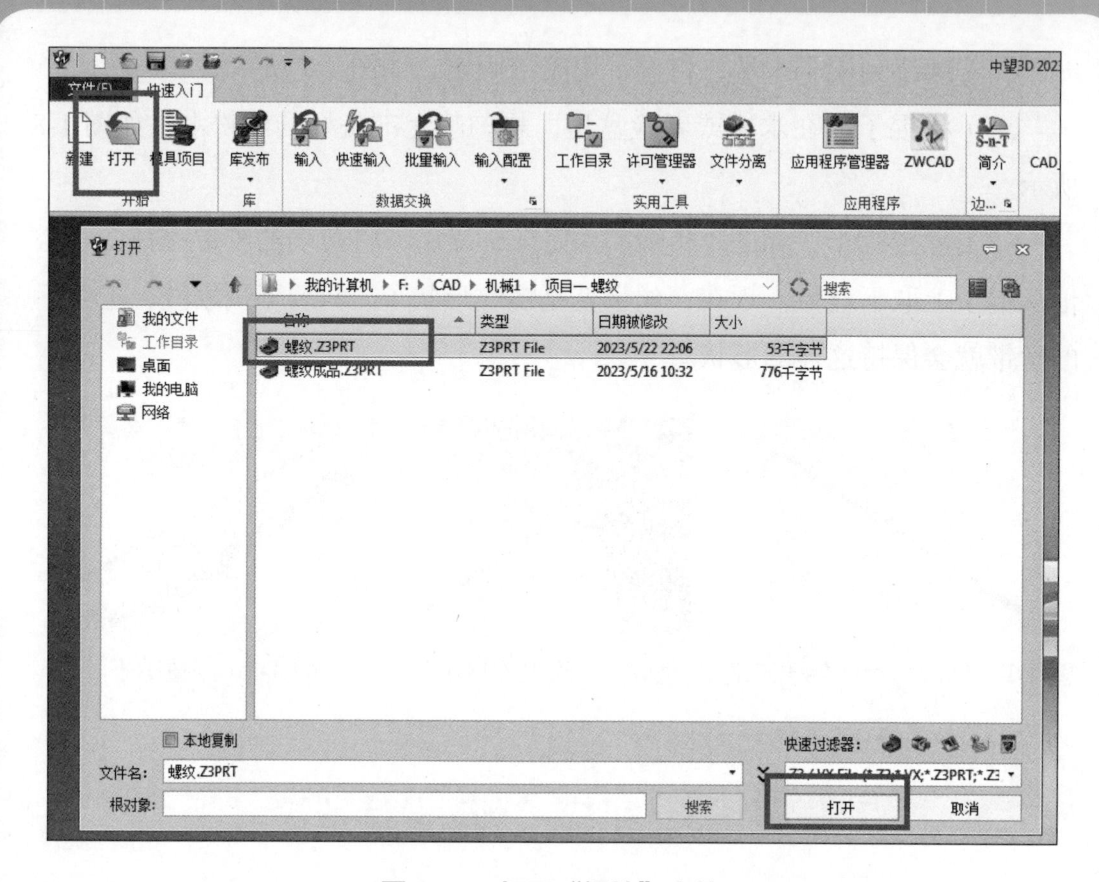

图 1-10　打开“螺纹”文件

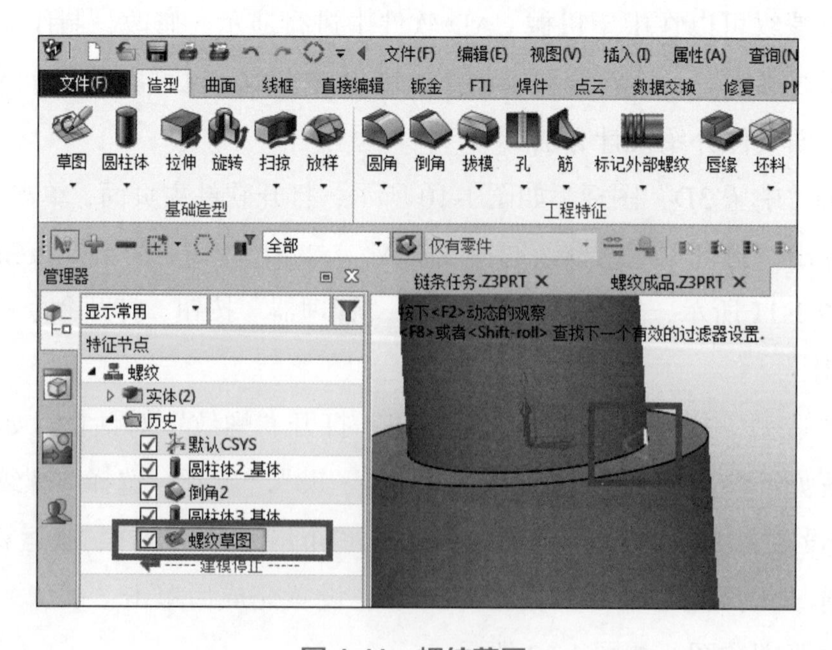

图 1-11　螺纹草图

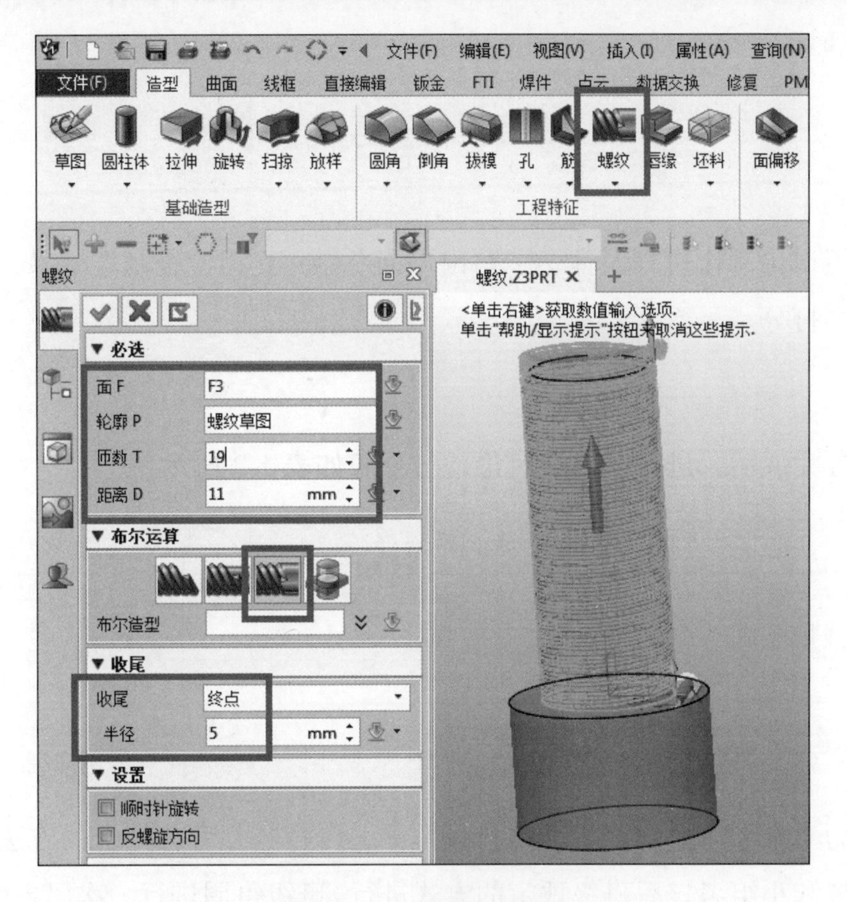

图 1-12　设置螺纹参数

图 1-13　螺纹最终效果图

任务 1.4　总结及评价

分组讨论制作过程及体会，写出书面总结；互相检查制作结果，集体给每位同学打分。

1. 任务完成大调查

任务完成后，进行总结和讨论，打分表如表 1-2 所示。

表 1-2　打分表

序　　号	任务 1	任务 2	任务 3
完成情况			
总分			

2. 完成行为考核

行为考核，主要采用批评与自我批评、自育与互育相结合的方法，通过自我考核和小组考核后班级评定的方式进行。班级每周进行一次民主生活会，就自己的行为进行评议，德育项目评分表如表 1-3 所示。

表 1-3　德育项目评分表

项目	内　容	等级	备　　注
学习态度	是否认真听讲		
	课余是否玩游戏		
	是否守时		
	是否积极发言		
	作业是否准时完成		
团队合作	服从小组分工		
	积极回答他人问题		
	积极帮助班级做事		
	关心集体荣誉		
	积极参与小组活动		

3. 集体讨论题

一般常用粗牙螺纹，但汽车车轮与车轴的连接要选用细牙螺纹，左轮胎还要选用左旋螺纹，这是为什么？

4. 思考与练习

（1）掌握中望3D的基本使用方法，研究软件规律。

（2）矿泉水瓶盖通常选用什么螺纹？

项目2　螺　　母

螺母又称螺帽、螺丝母、螺丝帽，是一种固定配件，中空且带有螺纹，如图 2-1 所示，与螺栓一起使用，能起到很好的固定效果。

图 2-1　螺母

任务 2.1　认 识 螺 母

螺母是所有生产制造机械常用的一种元件。螺母的种类很多，如方螺母、圆螺母、环形螺母、蝶形螺母、六角螺母等，最常见的是六角螺母。

2.1.1　六角螺母的外形结构及原因

六角螺母，顾名思义外形是六角形的，把螺母做成六角形，主要有以下两个原因。

1. 六角形螺母使用方便

把螺母做成六角形，是为了使用更加方便。机器上安装螺母的地方，有时位置不够充足，拧螺母的扳手活动空间很狭窄，如果使用六角形的螺母，每次只需要把扳手扳动 60°，就能够慢慢把螺母拧紧，而四角螺母需要每次扳动 90° 如果使用八角形螺母，由于扳手与螺母的接触表面较小，易于滑动，因此很少使用。

所以在拧紧螺母时，六角形螺母所需的空间较小，最方便使用，也最具有实用性。

2. 能提高材料利用率

螺母一般是由圆形料铣制出来的，相同的一根圆棒，做六角螺母比做四角螺母少切掉一些金属，因此用相同粗细的圆棒做出来的六角螺母，比四角螺母大。一般从强度上来看，大的螺母比小的坚固，也就最大限度地利用了原材料。

实际上，螺母制成六角形并不是谁发明的，而是劳动人民智慧的结晶，并且是从实践中得出来的最好的结构。

2.1.2 生活中常见的六角螺母及用途

六角螺母的种类繁多，按照不同的分类标准有不同的种类。例如，按材质不同可以分为不锈钢六角螺母、碳钢六角螺母、铜六角螺母等；按厚薄不同可以分为六角厚螺母和六角薄螺母……下面介绍几种常用六角螺母。

1. 普通外六角螺母

普通外六角螺母应用比较广泛，紧固力量比较大，安装时可以使用活口扳手或者开口扳手，如图 2-2 所示，安装时要有足够的操作空间。

2. 圆柱头内六角螺母

圆柱头内六角螺母使用广泛，它外观比较美观整齐，如图 2-3 所示。圆柱头内六角螺母使用内六角扳手就可以操作，安装方便，几乎应用于各种结构，但它的紧固力稍低于外六角螺母，且反复使用容易损坏内六角，造成无法拆卸。

图 2-2　普通外六角螺母

图 2-3　圆柱头内六角螺母

3. 盘头内六角螺母

盘头内六角螺母在机械上很少使用，力学性能同上述两种螺母差不多，大多用在家具上，主要作用是增加与木制材料的接触面并且增加外观的观赏性。

4. 无头内六角螺母

在某些结构上必须使用无头内六角螺母，如需要很大顶紧力的顶丝结构、需要隐藏圆柱头的地方等。

5. 尼龙锁紧螺母

尼龙锁紧螺母是在六角形面里镶嵌尼龙胶圈，防止螺纹松动的结构，如图 2-4 所示，是一种新型高抗振防松紧固零件，能用于温度 -50~100℃的各种机械、电气产品中。尼龙锁紧螺母的结构简单，操作非常方便，特别适合用于汽车、航空等空间狭小、连接可靠性要求高的场合。

6. 法兰螺母

法兰螺母又称带垫螺母、花齿螺母、六角法兰面螺母等，大多用在管道连接或者需要增加螺母接触面的工件上。一端有一个宽法兰，如图 2-5 所示，可作为一体式垫圈，用于将螺母的压力分布在被固定的部件上，从而减少了部件损坏的可能性，并且由于不均匀的紧固表面而使其不太可能松动。

图 2-4　尼龙锁紧螺母

图 2-5　法兰螺母

任务 2.2　螺母钥匙扣制作

本任务将用伞绳编织螺母钥匙扣，下面是编织过程。

（1）准备直径 4 mm、长 30 cm 的伞绳 2 根，螺母 4 个，钥匙圈 1 个，如图 2-6 所示。

（2）按照如图 2-7 所示用白色伞绳将钥匙扣和黑色伞绳固定在一起。

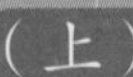

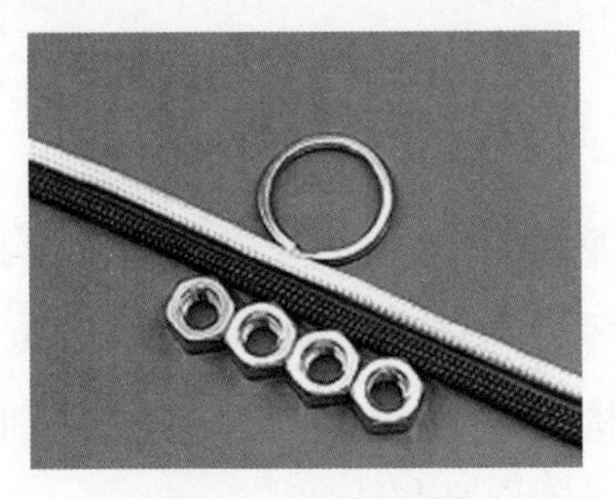

图 2-6　材料准备

图 2-7　固定钥匙扣和黑色伞绳

（3）将一个螺母夹在白色伞绳中间，分别将黑色伞绳从两端穿入螺母孔中，如图 2-8 所示。

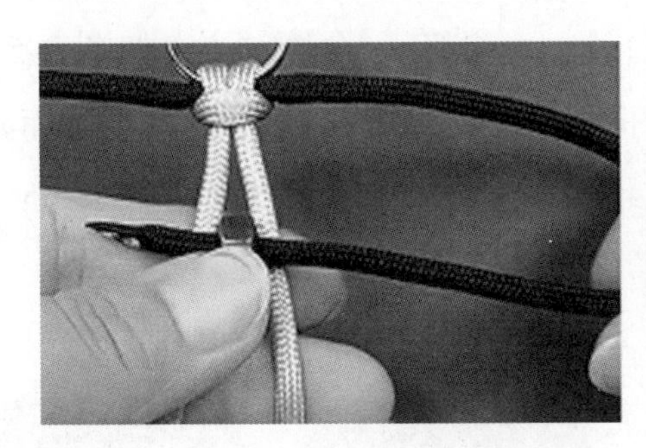

(a)

(b)

图 2-8　穿入黑色伞绳

（a）穿入一端；（b）穿入另一端

（4）将白色伞绳两端分别向上穿过黑色绳圈，如图 2-9 所示；然后拉紧，如图 2-10 所示。

图 2-9　穿过黑色绳圈

图 2-10　拉紧

（5）重复上述步骤，直至将 4 个螺母全部编入伞绳为止，最后将多余的伞绳剪断，用打火机烫压平整，如图 2-11 所示。成品如图 2-12 所示。

图 2-11　烫压图

图 2-12　钥匙扣成品

任务 2.3　机械 CAD 设计螺母

螺母可以在中望机械 CAD 软件中进行演示、修改、制作，只要输入各种螺母参数，一个符合要求的螺母就设计成功，也可出具设计图纸进行生产。下面具体介绍设计方法。

打开中望 3D 新建“零件”图，如图 2-13 所示。单击右下方“文件浏览器”按钮，在右侧工具栏单击“重用库”按钮依次打开“ZW3D”“GB”“螺母”

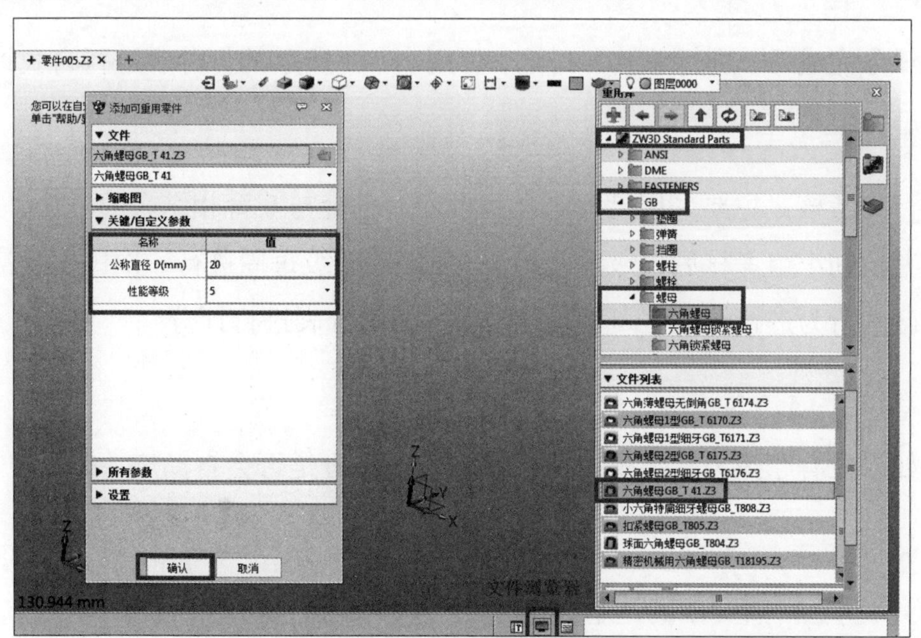

图 2-13　设置螺母参数

“六角螺母”文件夹，在“文件列表”中找到并双击“六角螺母 GB_T 41”文件，在弹出的“添加可重用零件”对话框中设置“公称直径”为 20，“性能等级”为 5，单击“确认”按钮，在图纸编辑界面中选择螺母放置的位置。

这样一个公称直径为 20 的国标六角螺母就设计好了，如图 2-14 所示。

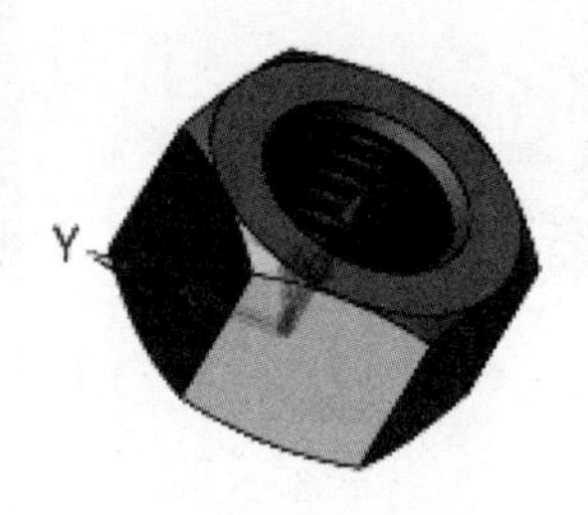

图 2-14　六角螺母最终效果图

任务 2.4　总结及评价

分组讨论制作过程及体会，写出书面总结；互相检查制作结果，集体给每位同学打分。

1. 任务完成大调查

任务完成后，进行总结和讨论，可用表 1-2 所示的打分表进行自我评价。

2. 行为考核

行为考核，主要采用批评与自我批评、自育与互育相结合的方法，通过自我考核和小组考核后班级评定的方式进行。班级每周进行一次民主生活会，就自己的行为进行评议，可用表 1-3 所示的评分表进行评分。

3. 集体讨论题

如果没有摩擦力，将螺钉放入螺母内，螺钉是否会自动旋入螺母？

4. 思考与练习

（1）掌握中望 3D 的基本使用方法，研究其规律。

（2）在螺栓连接中，有时在一个螺栓上采用双螺母，目的是什么？

项目3 螺　　栓

螺栓是由头部和螺杆（带有外螺纹的圆柱体）两部分组成的紧固件，如图 3-1 所示。

图 3-1　螺栓

任务 3.1　认 识 螺 栓

螺栓是一种常用的紧固件，需与螺母配合使用，通常用于紧固连接两个带有通孔的零件，这种连接形式称为螺栓连接。如果把螺母从螺栓上旋下，又可以使这两个零件分开，故螺栓连接属于可拆卸连接。锚栓是一种螺栓的连接形式，装配后可拆卸的只有螺母部分，螺杆部分与混凝土基材通过某种形式固定在一起，不能分离。

3.1.1　螺栓的结构

螺栓可分为普通螺栓和铰制孔用螺栓。普通螺栓主要承载轴向的受力，也可以承载要求不高的横向受力。铰制孔用螺栓需要和孔的尺寸配合，主要用于承载横向受力。受力不同、各种要求不同的螺栓结构也不同。

1. 头形结构

螺栓头的主要功能是承载及扳拧，主要分为六角头、双六角头、花键头、盘头、沉头和其他头形几大类，其结构和用途见表 3-1。

表 3-1　螺栓头形结构

序号	类　别		主 要 用 途	结构图
1	六角头	带凸缘六角头	六角头的改进型，加大了支撑面的面积，不仅可以改善被连接件的受力情况，而且能提高螺栓连接的防松能力	
		带法兰面六角头		
2	双六角头		又称“十二角头”，与六角头螺栓相比，其对边宽度较小，既可以减轻重量又可以节省安装空间，更适用于装配空间较狭小的安装环境；由于其抗扳拧能力较六角头高，故常用于强度等级为 1 100 MPa，1 250 MPa 和 1 550 MPa 的高强度螺栓	

续表

序号	类　别	主 要 用 途	结构图
3	花键头	与双六角头类似，都是高强度螺栓常用的头形	
4	盘头	该系列头形的使用功能大同小异，为了便于标准化管理和制造，随着国际标准的引进，逐渐向盘头头形统一	
	半圆头		
	扁圆头		
	平圆头		
	平凸头		
5	沉头	有3种形式：90°、100°和120°。在俄罗斯的标准体系中，习惯使用90°和120°沉头。120°沉头主要用于薄壁结构（如薄蒙皮）	

2. 扳拧结构

螺栓的扳拧结构分为外扳拧结构和内扳拧结构，外扳拧结构形式主要有六角头、十二角头、花键头、十角头、八角头、方头、月角头等，其中六角头和十二角头是最常用的外扳拧结构，应用非常普遍；内扳拧结构主要用于头部外形为回转体如沉头、盘头、圆柱头等的情况，常见的内扳拧结构形式为一字槽、十字槽、内六角、内六花等，还有国外专利槽型，高扭矩十字槽和高扭矩一字槽。通常情况下，外扳拧结构的扳拧性能要优于内扳拧结构，故高强度产品的扳拧结构一般选用外扳拧结构，但外扳拧结构所需的安装空间大于内扳拧结构，对装配环境有一定的限制。在内扳拧结构中，内六角和内六花的扳拧性能明显优于其他内扳拧结构，故也可应用于高强度产品；由于内六角的成形方式一般采用先预钻底孔再采用六方冲头冲切的方式，冲切下的材料会积压在孔底，在使用过程中可能会脱落，形成多余物，因此，如果对多余物有控制要求时，应去除干净。

3. 杆部结构

螺栓的杆部结构是指无螺纹光杆部位，根据直径分类，主要分为大径杆、中径杆、台阶形杆和加大杆（见图 3-2~ 图 3-5）。大径杆又称标准杆，其公称直径等于螺纹公称直径；直径公差有两类，一类是松公差，主要用于抗拉型螺栓，如 h12、h14；另一类是紧公差，主要用于抗剪型螺栓，如 f9、f7、r6；中径杆又称细杆，公称直径约等于螺纹的中径，公差域为 h12 或不作特殊规定，主要用于抗拉型螺栓。台阶形杆又称腰状杆，杆径小于或相当于螺纹的小径，主要用于要求减小刚度的螺栓或者要求降低螺纹应力集中的螺栓。加大杆又称加强杆，其杆径大于螺纹大径，可以与装配孔形成过盈配合，也可以用于结构维修。

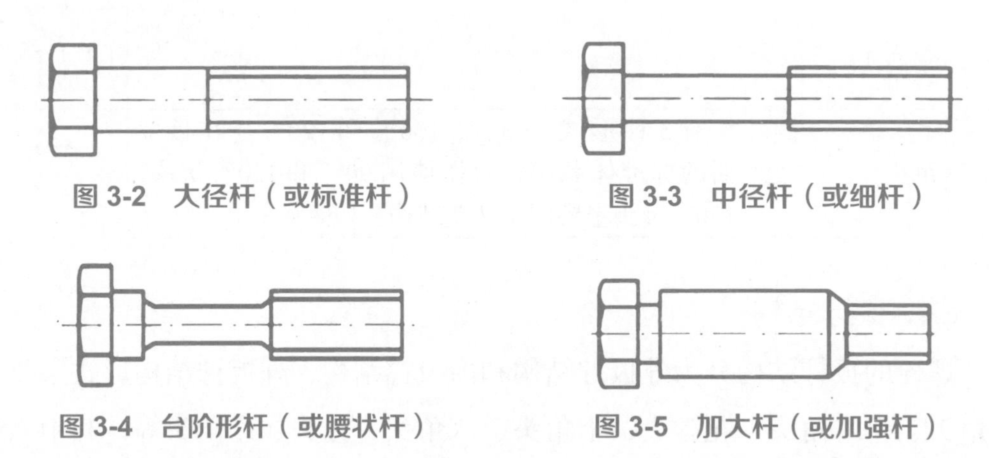

图 3-2　大径杆（或标准杆）　　图 3-3　中径杆（或细杆）

图 3-4　台阶形杆（或腰状杆）　　图 3-5　加大杆（或加强杆）

螺栓的杆部长度是螺栓的基本规格参数之一，一般等于被连接件的夹层厚度，也可称其为螺栓的夹紧长度。对于抗拉型螺栓，该长度一般包括螺纹的收尾；对于抗剪型螺栓，该长度不包括螺纹收尾，如图 3-6 所示。

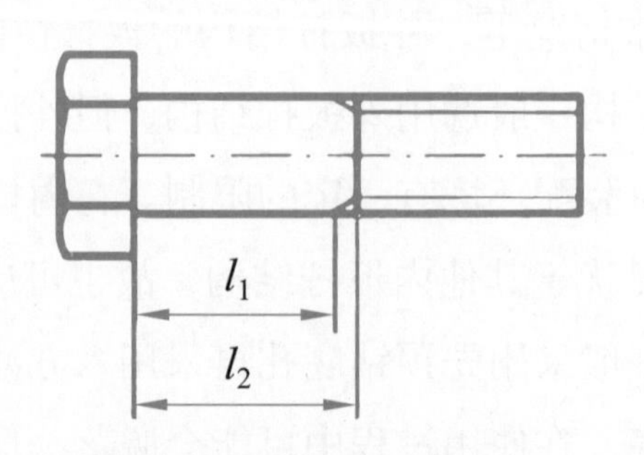

图 3-6　螺栓的光杆长度

3.1.2 螺栓的参数

螺栓是一种用于连接不同部件的标准化机械元件，具有多种规格和参数。表 3-2 是通用螺栓的一些基本参数，表 3-3 为内六角螺栓的基本参数，图 3-7 为内六角螺栓。

表 3-2 螺栓的基本参数

（标准：ISO 898；等级：8.8；最小屈服强度：640MPa；螺栓预应力与屈服极限的百分比：56%）

螺栓规格	螺栓直径 / mm	螺距 / mm	对边尺寸 / mm	有效直径 / mm	有效面积 / mm^2	螺栓载荷 / （kN/mm^2）	工作螺牙数目	理论螺栓最大载荷 / （kN/mm^2）
M3×0.5	3	0.5	5.5	2.6	5	1.80	10	18.031 971
M4×0.7	4	0.7	7	3.4	9	3.15	10	31.465 568
M5×0.8	5	0.8	8	4.3	14	5.08	10	50.834 084
M6×1	6	1	10	5.1	20	7.21	10	72.127 882
M8×1.25	8	1.25	13	6.9	37	13.12	10	131.214 65
M10×1.5	10	1.5	16	8.7	58	20.78	10	207.849 28
M12×1.75	12	2	18	10.5	84	30.20	10	302.031 78
M14×2	14	2	21	12.3	115	41.38	10	413.762 14
M16×2	16	2	24	14.3	157	56.15	10	561.531 75
M18×2.5	18	2.5	27	15.8	192	68.99	10	689.866 48
M20×2.5	20	2.5	30	17.8	245	87.74	10	877.39 336
M22×2.5	22	2.5	32	19.8	303	108.74	10	1 087.4 392
M24×3	24	3	36	21.4	353	126.34	10	1 263.446
M27×3	27	3	41	24.4	459	164.66	10	1 616.5 958
M30×3.5	30	3.5	46	27.0	561	200.93	10	2 009.2 514
M33×3.5	33	3.5	50	30.0	694	248.58	10	2 485.8 151
M36×4	36	4	55	32.5	817	292.73	10	2 927.2 814
M39×4	39	4	60	35.5	976	349.73	10	3 497.2 595
M42×4.5	42	3	65	39.4	1 206	432.24	10	4 322.3 583
M45×4.5	45	4.5	70	41.1	1 306	468.09	10	4 680.9 289
M48×5	48	5	75	43.7	1 473	528.00	10	5 280.0 163
W52×5	52	5	80	47.7	1 758	630.04	10	6 300.3 517
M56×5.5	56	5.5	85	51.2	2 030	727.59	10	7 275.9 058
M60×5.5	60	5.5	90	55.2	2 362	846.58	10	8 465.8 317

续表

螺栓规格	螺栓直径 / mm	螺距 / mm	对边尺寸 / mm	有效直径 / mm	有效面积 / mm^2	螺栓载荷 /（kN/mm^2）	工作螺牙数目	理论螺栓最大载荷 /（kN/mm^2）
M64×6	64	6	95	58.8	2 676	959.11	10	9 591.0 917
M68×6	68	6	100	62.8	3 055	1 095.06	10	10 950.608
M72×6	72	6	105	66.8	3 460	1 240.02	10	12 400.2

表 3-3　内六角螺栓的基本参数

螺纹规格 *d*		M1.6	M2	M2.5	M3	M4	M5	M6	M8	M10	M12
P	螺距	0.35	0.4	0.45	0.5	0.7	0.8	1	1.25	1.5	1.75
b		15	16	17	18	20	22	24	28	32	36
d_k	最大值（用于光滑头部）	3	3.8	4.5	5.5	7	8.5	10	13	16	18
	最大值（用于滚花头部）	3.14	3.98	4.68	5.68	7.22	8.72	10.22	13.27	16.27	18.27
	最小值	2.86	3.62	4.32	5.32	6.78	8.28	9.78	12.73	15.73	17.73
k	最大值	1.60	2.00	2.50	3.00	4.00	5.00	6.00	8.00	10.00	12.00
	最小值	1.46	1.86	2.36	2.86	3.82	4.82	5.7	7.64	9.64	11.57
S	公称	1.5	1.5	2	2.5	3	4	5	6	8	10
	最大值	1.580	1.580	2.080	2.580	3.080	4.095	5.140	6.140	8.175	10.175
	最小值	1.520	1.520	2.020	2.520	3.020	4.020	5.020	6.020	8.025	10.025
t	最小值	0.7	1	1.1	1.3	2	2.5	3	4	5	6
螺纹规格 *d*		（M14）	M16	M20	M24	M30	M36	M42	M48	M56	M64
P	螺距	2	2	2.5	3	3.5	4	4.5	5	5.5	6
b		40	44	52	60	72	84	96	108	124	140
d_k	最大值（用于光滑头部）	21	24	30	36	45	54	63	72	84	96
	最大值（用于滚花头部）	21.33	24.33	30.33	36.39	45.39	54.46	63.46	72.46	84.54	96.54
	最小值	20.67	23.67	29.67	35.61	44.61	53.54	62.54	71.54	83.46	95.46
k	最大值	14.00	16.00	20.00	24.00	30.00	36.00	42.00	48.00	56.00	64.00
	最小值	13.57	15.57	19.48	23.48	29.48	35.38	41.38	47.38	55.26	63.26

续表

螺纹规格 *d*		（M14）	M16	M20	M24	M30	M36	M42	M48	M56	M64
S	公称	12	14	17	19	22	27	32	36	41	46
	最大值	12.212	14.212	17.23	19.275	22.275	27.275	32.33	36.33	41.33	46.33
	最小值	12.032	14.032	17.05	19.065	22.065	27.065	32.08	36.08	41.08	46.08
t	最小值	7	8	10	12	15.5	19	24	28	34	38

注：尽可能不采用括号内规格。

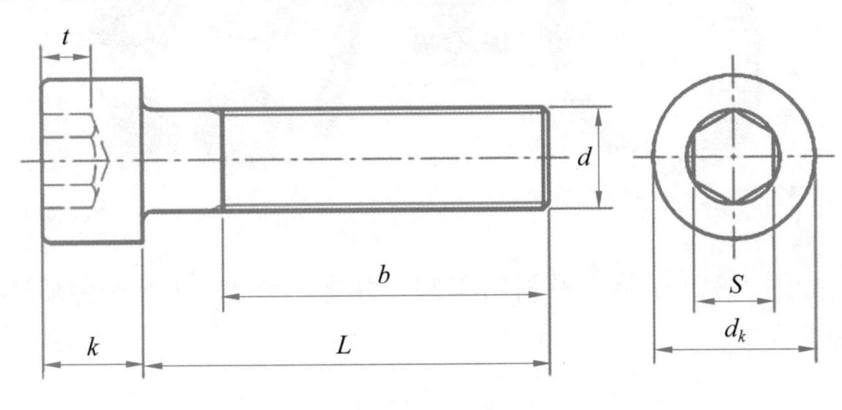

图 3-7　内六角螺栓

3.1.3　螺栓的用途

螺栓有很多叫法，螺钉、螺栓钉、紧固件等。螺栓是紧固件的通用叫法。

螺栓在日常生活和工业生产制造中必不可少，因此又被称为“工业之米”。螺栓的应用范围有电子产品、机械产品、数码产品、电力设备、机电机械产品、船舶、车辆、水利工程，甚至化学实验也用到螺栓。例如，数码产品使用精密螺栓；DVD、照相机、眼镜、钟表等使用微型螺栓；电视、电气制品、乐器、家具等使用一般螺栓；工程、建筑、桥梁使用大型螺栓；飞机、电车、汽车等则大小螺栓并用。螺栓在工业上有重要作用，只要地球上存在着工业，螺栓就会一直存在。

任务 3.2　螺栓趣味玩具制作

螺栓应用在很多方面，为了更好地了解螺栓相关知识，可以自己动手做

一个螺栓玩具，研究和思考螺栓的基本规律。

（1）准备如图 3-8 所示所有材料，1 个钥匙扣圈，1 个地脚螺栓，1 个蝴蝶螺母，1 个盖形螺母，1 个方头螺母，2 个六角螺母。

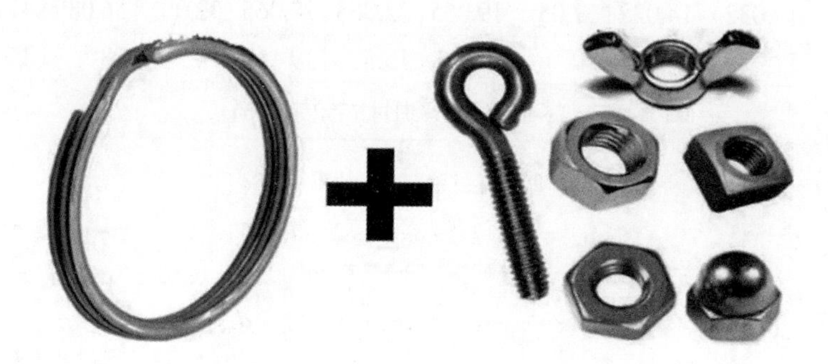

图 3-8　准备材料

（2）如图 3-9 所示将所有材料组装，并穿上钥匙，1 个子弹质感机器人钥匙扣就做好了。

图 3-9　制作好的钥匙扣

任务 3.3　机械 CAD 设计螺栓

以上螺栓可以在中望机械 CAD 软件中进行演示、修改、制作，只要输入各种螺栓参数，一个符合要求的螺栓就设计成功，也可出具设计图纸进行生产。下面具体介绍设计方法。

首先打开中望 3D 软件，如图 3-10 所示，单击“新建”按钮，在“新建文件”对话框中单击“零件”和“标准”按钮，单击“确认”按钮。

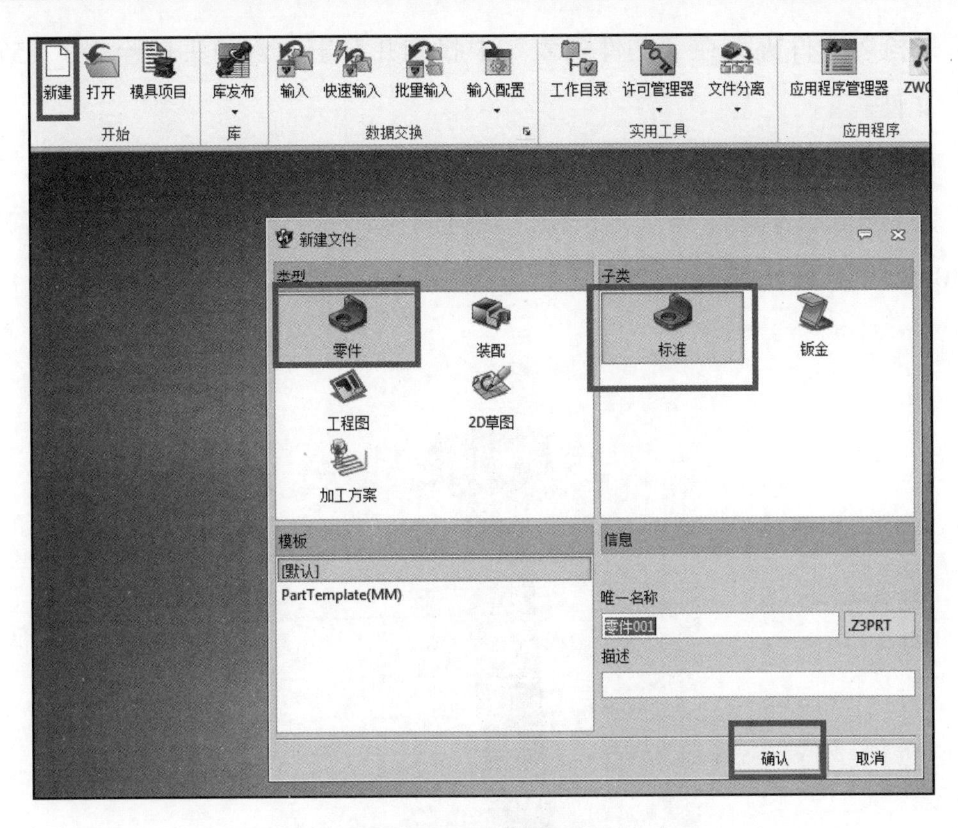

图 3-10　新建零件

进入页面，如图 3-11 所示，单击“文件浏览器”按钮，在右侧工具栏中单击“重用库”按钮，依次打开“ZW3D Standard Parts”“GB”“螺栓”“六

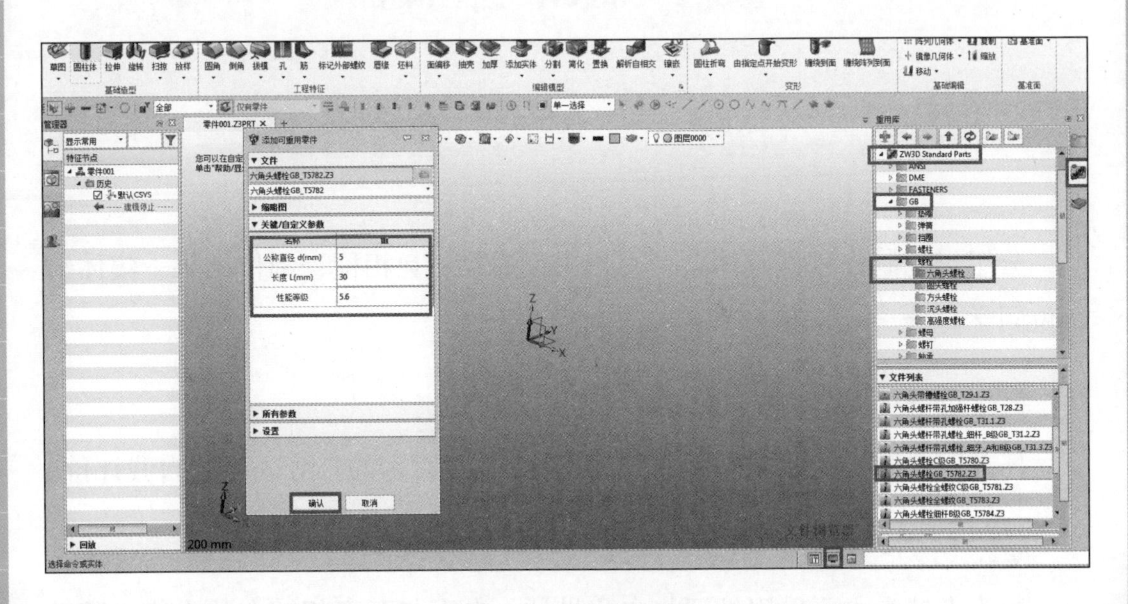

图 3-11　设置参数

角头螺栓”文件夹，在“文件列表”中找到并双击“六角头螺栓 GB_T5782.Z3”文件。

在弹出的“添加可重用零件”对话框中设置“公称直径”为 5mm，“长度”为 30mm，单击“确认”按钮，就可以得到一个公称直径为 5mm、长度为 30mm 的六角头螺母，如图 3-12 所示。

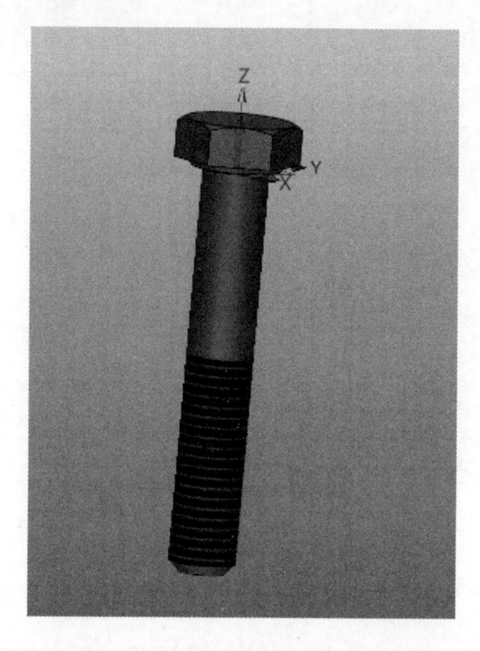

图 3-12　六角头螺母最终效果图

任务 3.4　总结及评价

分组讨论制作过程及体会，写出书面总结；互相检查制作结果，集体给每位同学打分。

1. 任务完成大调查

任务完成后，进行总结和讨论，可用表 1-2 所示的打分表进行自我评价。

2. 行为考核

行为考核，主要采用批评与自我批评、自育与互育相结合的方法，通过自我考核和小组考核后班级评定的方式进行。班级每周进行一次民主生活会，就自己的行为进行评议，可用表1-3所示的评分表进行评分。

3. 集体讨论题

普通螺栓通过什么传递动力？摩擦型高强螺栓又通过什么传递动力？

4. 思考与练习

（1）掌握螺栓的基本使用方法。

（2）普通螺栓连接中，防止构件端部发生冲剪破坏的方法是什么？

项目4 螺 柱

螺柱一般指没有头部两端均外带螺纹的一类紧固件，如图 4-1 所示。连接时，一端必须旋入带有内螺纹孔的零件中，另一端穿过带有通孔的零件中，然后旋上螺母，使两个零件紧固连接成一个整体。

图 4-1 螺柱

任务 4.1　认 识 螺 柱

螺柱主要用于被连接件之一厚度较大、要求结构紧凑，或因拆卸频繁，不宜采用螺栓连接的场合。广泛应用于电力、化工、炼油、阀门、铁路、桥梁、钢构、汽摩配件、机械、锅炉钢结构、吊塔、大跨度钢结构和大型建筑等。

4.1.1　螺柱的外形结构

1. 双头螺柱

b_m=1d 双头螺柱一般用于两个钢制被连接件之间的连接；b_m=1.25d 和 b_m=1.5d 双头螺柱一般用于铸铁制被连接件与钢制被连接件之间的连接；b_m=2d 双头螺柱一般用于铝合金制被连接件与钢制被连接件之间的连接；前一种连接件带有内螺纹孔，后一种连接件带有通孔。双头螺柱如图 4-2 所示。

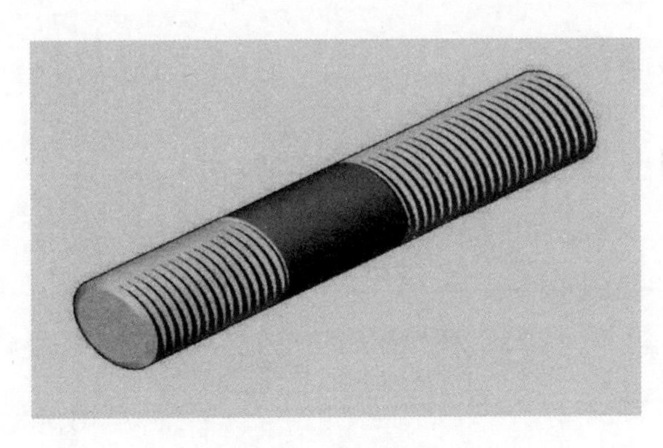

图 4-2　双头螺柱

2. 等长双头螺柱

等长双头螺柱两端螺纹均需与螺母、垫圈配合，用于连接两个带有通孔的被连接件。

3. 焊接螺柱

焊接螺柱一端焊接于被连接件表面上，另一端（螺纹端）穿过带通孔的被连接件，然后套上垫圈，拧上螺母，使两个被连接件连接成为一个整体。焊接螺柱如图 4-3 所示。

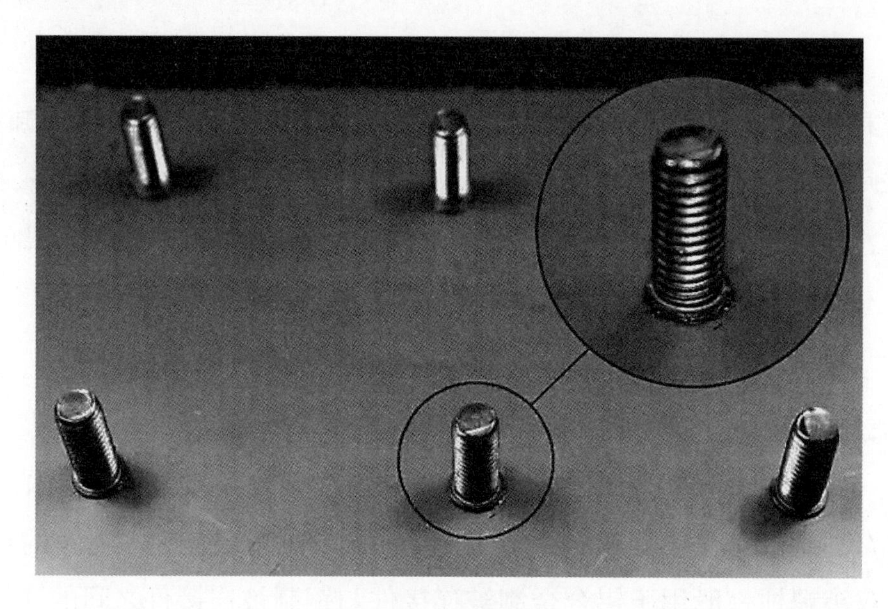

图 4-3　焊接螺柱

4.1.2　螺柱的参数

表 4-1 详细列出了螺柱分类及规格详情。

表 4-1　螺柱分类及规格详情

序号	品种名称 与标准号	型式	规格范围	产品 等级	螺纹 公差	力学性能	表面处理
1	双头螺柱 b_m=1d GB/T897—1988	A 型 B 型	M5-M48	B	6g	钢:4.8，5.8，6.8，8.8，10.9，12.9	① 不经处理 ② 氧化 ③ 镀锌纯化
						不锈钢：A2-50A2-70	不经处理
2	双头螺柱 b_m=1.25d* GB/T898—1988	A 型 B 型	M5-M48	B	6g	钢:4.8，5.8，6.8，8.8，10.9，12.9	① 不经处理 ② 氧化 ③ 镀锌纯化
						不锈钢：A2-50A2-70	不经处理

续表

序号	品种名称与标准号	型式	规格范围	产品等级	螺纹公差	力学性能	表面处理
3	双头螺柱 b_m=1.5d GB/T899—1988	A 型 B 型	M5-M48	B	6g	钢:4.8，5.8，6.8，8.8，10.9，12.9	① 不经处理 ② 氧化 ③ 镀锌纯化
						不锈钢：A2-50A2-70	不经处理
4	双头螺柱 b_m=2d GB/T900—1988	A 型 B 型	M2-M48	B	6g	钢:4.8，5.8，6.8，8.8，10.9，12.9	① 不经处理 ② 氧化 ③ 镀锌纯化
5	等长双头螺柱 B 级 * GB/T901—1988	A 型 B 型	M2-M56	B	6g	钢:4.8，5.8，6.8，8.8，10.9，12.9	① 不经处理 ② 镀锌纯化
						不锈钢：A2-50A2-70	不经处理
6	等长双头螺柱 C 级 * GB/T953—1988	A 型 B 型	M8-M48	C	8g	钢:4.8，6.8，8.8	① 不经处理 ② 镀锌纯化
7	手工焊用焊接螺柱 * GB/T902.1—2008	A 型 B 型	M3-M20		6g	钢：4.8	① 不经处理 ② 镀锌纯化
8	机动弧焊用焊接螺柱 * GB/T902.2—2010	A 型 B 型	M3-M20		6g	钢：4.8	① 不经处理 ② 镀铜 ③ 镀锌纯化
9	储能焊用焊接螺柱 * GB/T902.3—2008	A 型 B 型	M3-M12		6g	钢：4.8	①不经处理 ②镀铜

注：

（1）带 * 符号的品种为商品紧固件品种，应优先选用。

（2）双头螺纹（GB/T897~GB/T900—1988）上采用的螺纹，一般都是粗牙普通螺纹，也可以根据需要采用细牙普通螺纹或过渡配合螺纹（按 GB/T1167 的规定）。

（3）等长双头螺柱 B 级，可根据需要采用 30Cr、40Cr、30CrMnSi、35CrMoA、40MnA 或 40B 等材料制造，其性能按供需双方协议。

（4）焊接螺柱的材料化学成分应符合 GB30981—2020 的规定，其中碳含量不得超过 0.20%，并且不得使用易切削钢制造。

4.1.3　螺柱的应用

螺柱具有良好的连接性能和可重复性，因此广泛应用于各种行业。

（1）主体为大型设备，需要安装附件，如视镜、机械密封座、减速机架等，这时需要使用双头螺柱，一端拧入主体，安装好附件后另一端旋上螺母，由于附件经常拆卸，采用螺柱连接，久而久之主体螺牙会磨损或损坏，使用双头螺柱更换会非常方便，如图 4-4 所示。

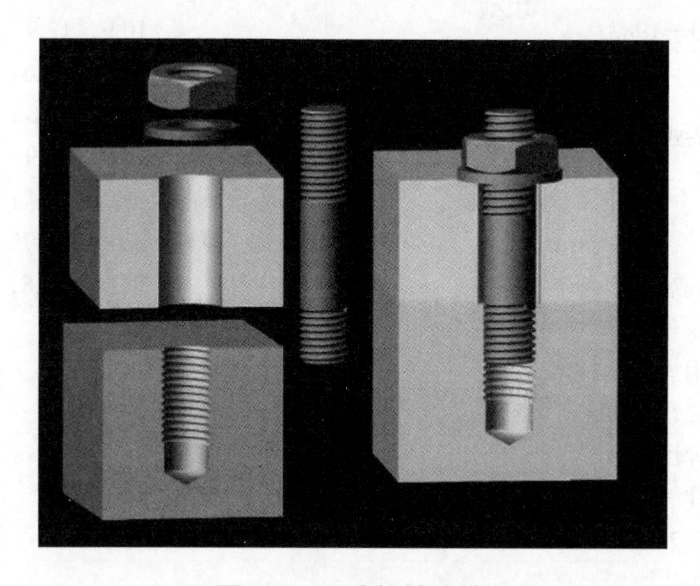

图 4-4　双头螺柱连接

（2）连接体厚度很大时，会用双头螺柱连接。实际工作中，外载荷的振动、变化、材料高温蠕变等会造成摩擦力减少，螺纹副中正压力在某一瞬间消失、摩擦力为零，从而使螺纹连接松动，反复作用，螺纹连接就会松弛而失效。因此，必须进行防松处理，否则会影响正常工作，造成事故。

任务 4.2　螺柱趣味玩具制作

在生活中，家里经常会出现不用的螺柱，本任务将变废为宝，用螺柱做简易晾衣架。

（1）准备螺柱 3 个，塑料瓶 1 个，杆子 1 个。

（2）把塑料瓶瓶口剪开，如图 4-5 所示。瓶口修剪光滑，如图 4-6 所示。

图 4-5　剪开瓶口

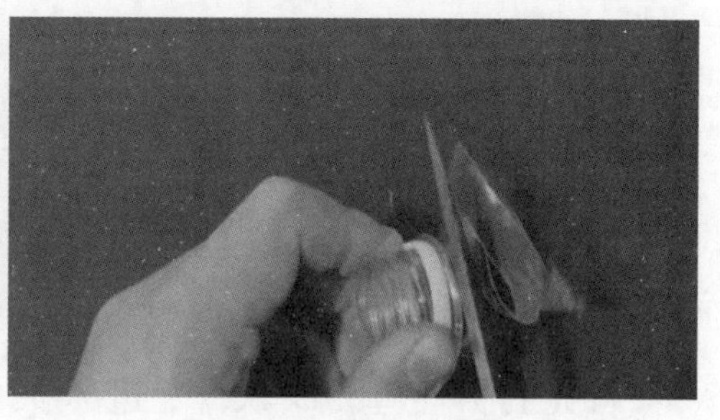

图 4-6　修剪光滑

（3）把修剪好的瓶口放在杆子上，如图 4-7 所示。挤上热熔胶，让瓶口和杆子粘在一起，如图 4-8 所示。

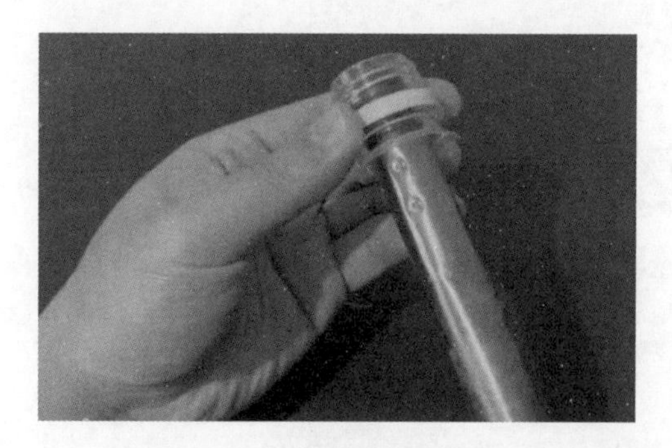

图 4-7　瓶口放在杆子上

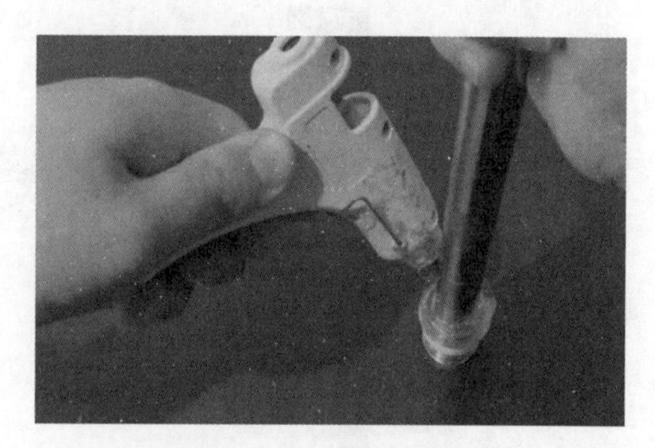

图 4-8　挤上热熔胶

（4）在瓶盖上钻三个孔，把螺柱穿过去，如 4-9 所示。然后拧到瓶口上，这样一个简易的晾衣架就做好了，如图 4-10 所示。

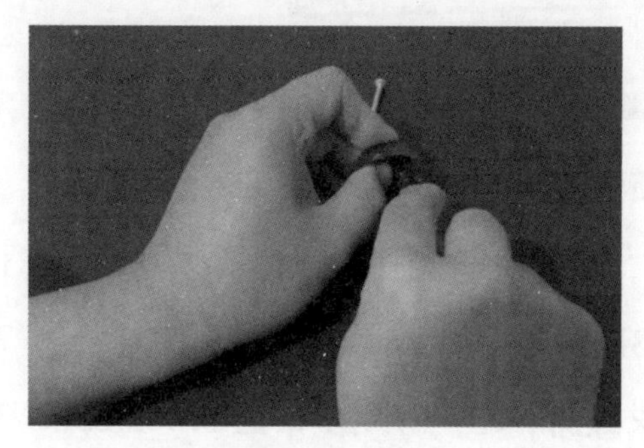

图 4-9　钻孔

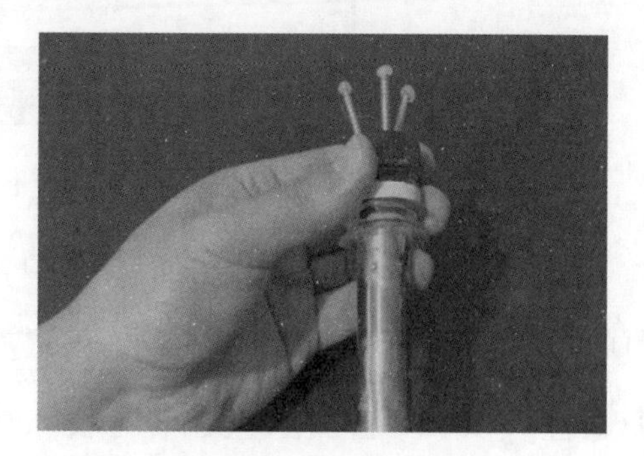

图 4-10　完成晾衣架

任务 4.3 机械 CAD 设计螺柱

螺柱可以在中望机械 CAD 软件中进行演示、修改、制作，只要输入各种螺柱参数，一个符合要求的螺柱就设计成功了，也可出具设计图纸进行生产。下面具体介绍设计方法。

首先打开中望 3D 软件，进入页面，如图 4-11 所示，单击“新建”按钮，弹出“新建文件”对话框，单击“零件”和“标准”按钮，单击“确认”按钮，如图 4-11 所示。

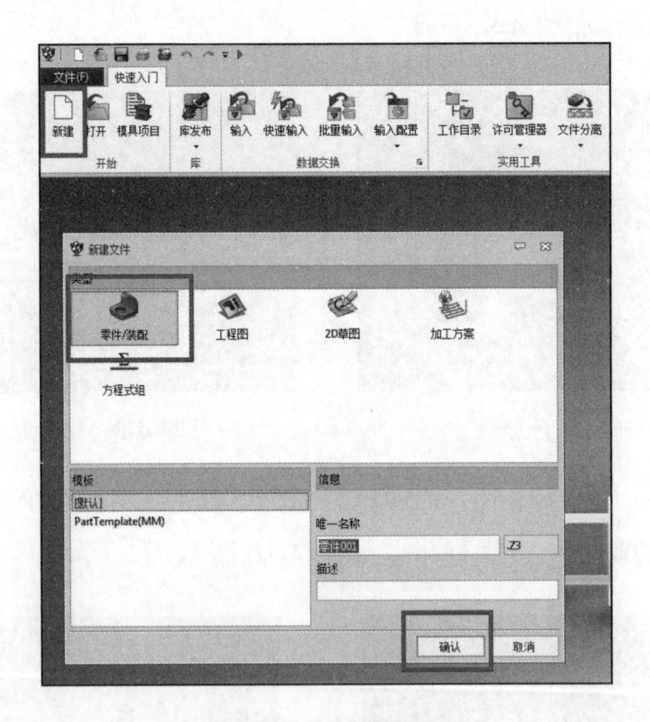

图 4-11 新建零件

进入页面，如图 4-12 所示，单击“文件浏览器”按钮，在右侧工具栏中单击“重用库”按钮，依次打开“ZW3D Standard Parts”“GB”“螺柱”“双头螺柱”文件夹，在“文件列表”中找到并双击“双头螺柱 bm_1.25dGB_T898A.Z3”文件。

如图 4-13 所示，在弹出的“添加可重用零件”对话框中设置“公称直径”

为 10mm，“长度”为 40mm，单击“确认”按钮，就可以得到一个公称直径为 10mm、长度为 40mm 的双头螺栓。

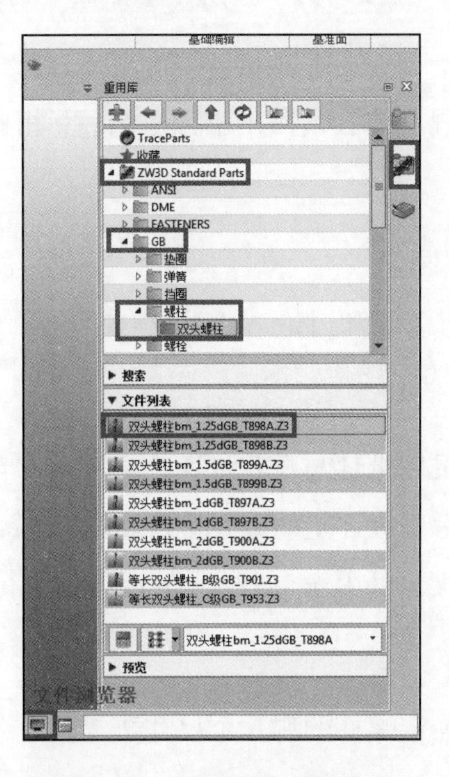

图 4-12　打开双头螺柱设置

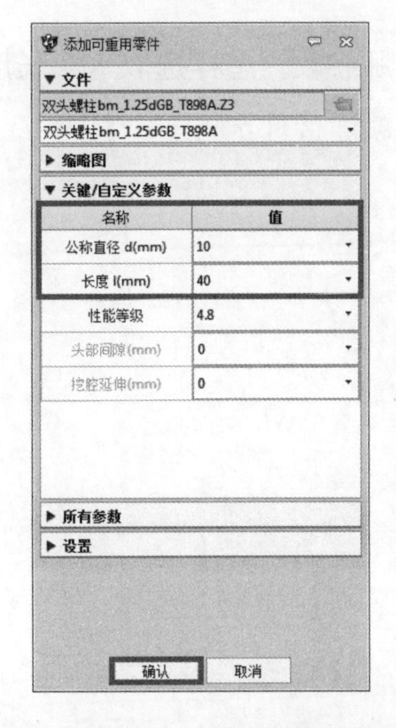

图 4-13　设置参数及双头螺柱最终效果图

任务 4.4　总结及评价

分组讨论制作过程及体会，写出书面总结；互相检查制作结果，集体给每位同学打分。

1. 任务完成大调查

任务完成后，进行总结和讨论，可用表 1-2 所示的打分表进行自我评价。

2. 行为考核

行为考核，主要采用批评与自我批评、自育与互育相结合的方法，通过自我考核和小组考核后班级评定的方式进行。班级每周进行一次民主生活会，就自己的行为进行评议，可用表 1-3 所示的评分表进行评分。

3. 集体讨论题

选用螺柱时需要确定螺柱的哪几个尺寸？

4. 思考与练习

（1）双头螺柱的公称长度是指哪一段？怎样选取这个长度？

（2）双头螺柱适用于什么样的被连接件？

项目 5 螺 钉

任何机器都由各种零件组装而成，零件之间的关系有连接、传动、配合。螺钉是最常见的连接零件的配件，如图中 5-1 所示。

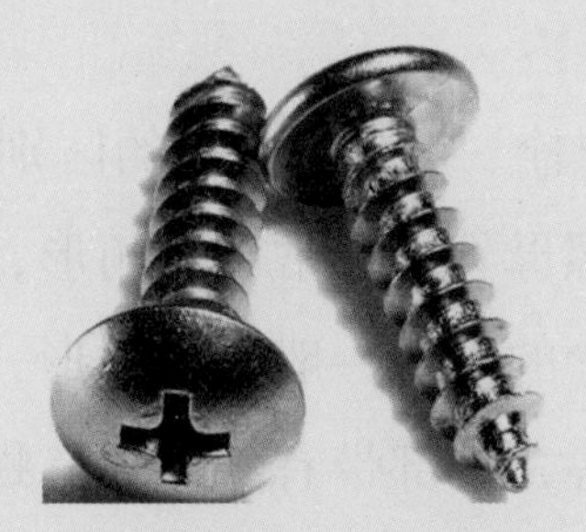

图 5-1 螺钉

任务 5.1 认识螺钉

螺钉是利用物体的斜面圆形旋转和摩擦力紧固器物机件的配件。螺钉为日常生活中不可或缺的工业必需品，例如，照相机、眼镜、钟表、电子等使用极小的螺钉；电视、电气制品、乐器、家具等使用一般螺钉；工程、建筑、桥梁使用大型螺钉；飞机、电车、汽车等大小螺钉并用。螺钉是千百年来人们生产生活中的共同发明，按照应用领域来看，它是人类的第一大发明。

5.1.1 螺钉的外形结构

螺丝、螺母、螺帽、螺栓、螺钉、螺柱的区别：螺钉和螺帽是日常俗称，标准名称是螺钉和螺母。螺母外形通常为六角形，内孔为内螺纹，用来与螺栓配合，把紧相关件。螺栓的头部一般为六角形，杆部带有外螺纹。螺钉较小，头部有平头、十字头等，杆部带有外螺纹。螺柱两头均有外螺纹。大部分市面上的螺钉外形如图 5-2 所示。

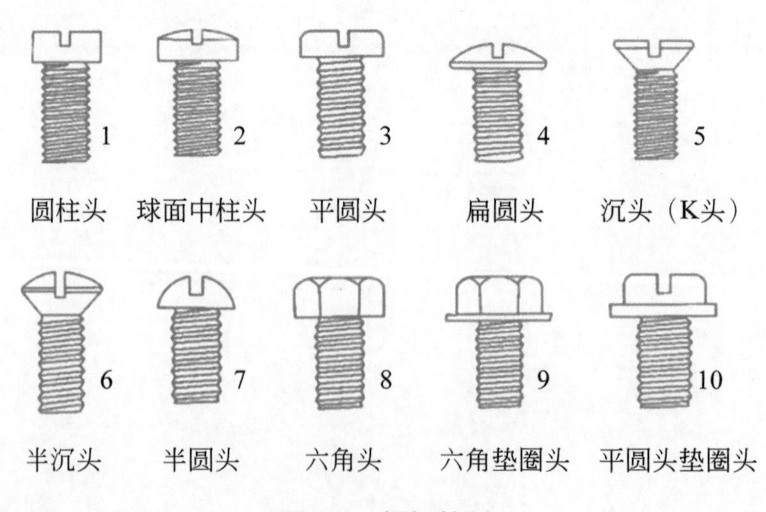

图 5-2 螺钉外形

5.1.2　螺钉的参数

螺钉是机械设备中常用的紧固元件，其尺寸参数包括直径、螺距，螺纹类型等。下面将介绍几种常见的螺钉尺寸参数，如表 5-2 所示。

表 5-1　常用机械螺钉规格表

类别	规格	牙距 /mm	成品外径		线径
			最大 / mm	最小 / mm	±0.02mm
国标粗牙 60°	M1.4	0.3	1.38	1.34	1.16
	M1.7	0.35	1.68	1.61	1.42
	M2.0	0.4	1.98	1.89	1.68
	M2.3	0.4	2.28	2.19	1.98
	M2.5	0.45	2.48	2.38	2.15
	M3.0	0.5	2.98	2.88	2.6
	M3.5	0.6	3.47	3.36	3.02
	M4.0	0.7	3.98	3.83	3.4
	M4.5	0.75	4.47	4.36	3.88
	M5.0	0.8	4.98	4.83	4.3
	M6.0	1	5.97	5.82	5.18
	M7.0	1	6.97	6.82	6.18
	M8.0	1.25	7.96	7.79	7.02
	M9.0	1.25	8.96	8.79	8.01
	M10	1.5	9.96	9.77	8.84
	M11	1.5	10.97	10.73	9.84
	M12	1.75	11.95	11.76	10.7
	M14	2	13.95	13.74	12.5
	M16	2	15.95	15.74	14.5
	M18	2.5	17.95	17.71	16.2
	M20	2.5	19.95	19.71	18.2

类别	规格	牙距 /mm	成品外径		线径
			最大 / mm	最小 / mm	±0.02mm
英制粗牙 55°	1/8	40	3.15	3.03	2.7
	5/32	32	3.95	3.80	3.38
	3/16	24	4.73	4.59	4
	1/4	20	6.32	6.17	5.45
	5/16	18	7.91	7.74	6.94
	3/8	16	9.49	9.31	8.4
	7/16	14	11.07	10.88	9.84
	1/2	12	12.66	12.46	11.22
	9/16	12	14.25	14.04	12.81
	5/8	11	15.83	15.61	14.27
美制粗牙 60°	4#	40	2.82	2.70	2.37
	5#	40	3.15	3.03	2.69
	6#	32	3.48	3.33	2.91
	8#	32	4.14	3.99	3.57
	10#	24	4.80	4.62	4.05
	12#	24	5.46	5.28	4.7
	1/4	20	6.32	6.12	5.45
	5/16	18	7.91	7.69	6.93
	3/8	16	9.49	9.25	8.4
	7/16	14	11.08	10.82	9.83
	1/2	13	12.66	12.39	11.32
	9/16	12	14.25	13.96	12.8
	5/8	11	15.83	15.53	14.2

续表

类别	规格	牙距/mm	成品外径		线径	类别	规格	牙距/mm	成品外径		线径
			最大/mm	最小/mm	±0.02mm				最大/mm	最小/mm	±0.02mm
国标细牙60°	M4.0	0.5	3.97	3.86	3.58	美制细牙60°	4#	48	2.83	2.71	2.44
	M4.5	0.5	4.47	4.36	4.07		5#	44	3.16	3.04	2.73
	M5.0	0.5	4.97	4.86	4.57		6#	40	3.48	3.36	3.02
	M6.0	0.75	5.97	5.85	5.41		8#	36	4.15	4.01	3.63
	M7.0	0.75	6.97	6.85	6.41		10#	32	4.80	4.65	4.23
	M8.0	1	7.97	7.83	7.24		12#	28	5.46	5.30	4.81
	M9.0	1	8.97	8.83	8.24		1/4	28	6.32	6.16	5.68
	M10	1	9.97	9.82	9.23		5/16	24	7.91	7.73	7.16
	M10	1.25	9.96	9.81	9.07		3/8	24	9.50	9.32	8.74
	M12	1.25	11.97	11.76	11.07		7/16	20	11.08	10.87	10.18
	M12	1.5	11.96	11.79	10.89		1/2	20	12.67	12.46	11.76
	M14	1.5	13.96	13.79	12.89		9/16	18	14.25	14.03	13.25
	M16	1.5	15.96	15.79	14.89		5/8	18	15.84	15.62	14.83
	M18	1.5	17.95	17.78	16.86						
	M20	1.5	19.95	19.65	18.85						

5.1.3 螺钉的应用

螺钉具有良好的连接性能和可重复性，因此广泛应用于各种行业。

（1）开槽普通螺钉多用于较小零件的连接，如图 5-3 所示。有盘头螺钉、圆柱头螺钉、半沉头螺钉和沉头螺钉。盘头螺钉和圆柱头螺钉的钉头强度较高，用于普通的部件连接；半沉头螺钉的头部呈弧形，安装后它的顶端略外露，且美观光滑，一般用在仪器或精密机械上；沉头螺钉则用于不允许钉头露出的地方。

（2）内六角及内六角花形螺钉的头部能埋入构件中，可施加较大的扭矩，连接强度较高，可代替六角螺栓，如图 5-4 所示。常用于结构要求紧凑，外观平滑的连接处。

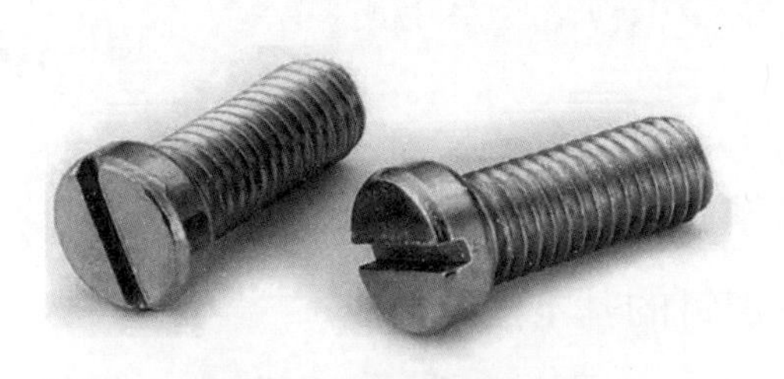

图 5-3 开槽普通螺钉

图 5-4 内六角螺钉

（3）十字槽普通螺钉与开槽普通螺钉的使用功能相似，可互相替换，但十字槽普通螺钉的槽形强度较高，不易损坏，外形较为美观，如图 5-5 所示。使用时须用与之配套的十字形旋具进行装卸。

（4）吊环螺钉是用于安装和运输时承重的一种五金配件，如图 5-6 所示。使用时螺钉须旋进到使支承面紧密贴合的位置，不允许使用工具扳紧，也不允许有垂直于吊环平面的荷载作用在上面。

图 5-5 十字螺钉

图 5-6 吊环螺钉

（5）自攻螺钉用在被连接件上时，被连接处可以不预先制出螺纹。连接时利用螺钉直接攻出螺纹。它常用于连接厚度较薄的金属板。有锥端自攻螺钉与平端自攻螺钉两种。

（6）自攻锁紧螺钉不仅具有自攻作用还具有低拧入力矩和高锁紧的性能。它的螺纹为三角形截面，螺钉的表面经过淬硬处理，有较高的硬度。它的螺纹规格有 M2~M12。

任务 5.2　螺钉的趣味玩具制作

螺钉应用在很多方面，为了更好地了解螺钉相关知识，可以自己动手用螺钉制作自动洒水器，研究和思考一下螺钉的基本规律。

（1）准备一个塑料瓶，把瓶盖拿下来，如图 5-7 所示。在瓶盖上用螺钉钻一个孔，如图 5-8 所示。

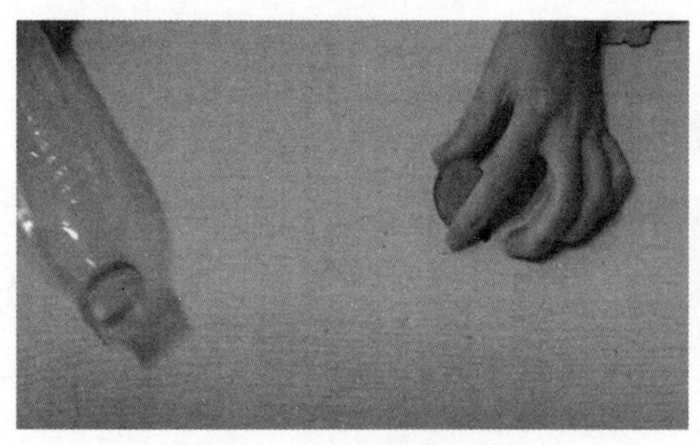

图 5-7　准备塑料瓶

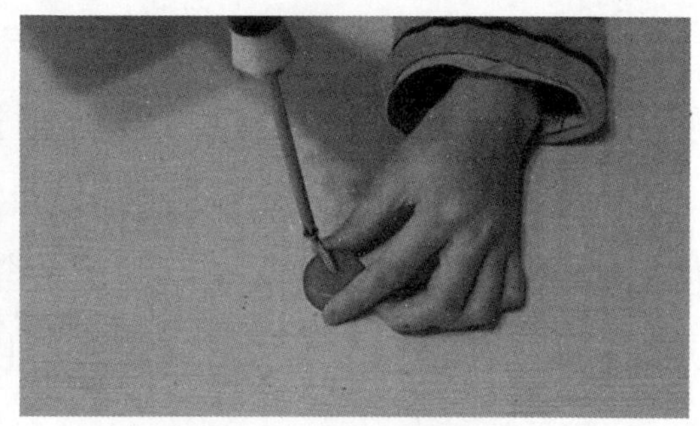

图 5-8　用螺钉钻孔

（2）准备一缕棉花塞进刚才打的孔里，如图 5-9 所示。再把螺钉拧回去，如图 5-10 所示。

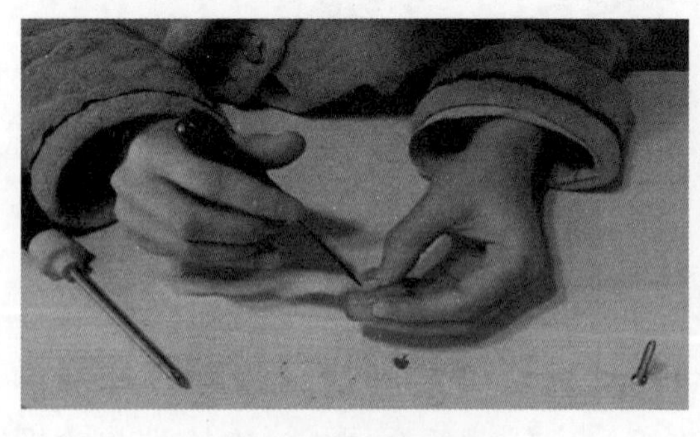

图 5-9　塞棉花

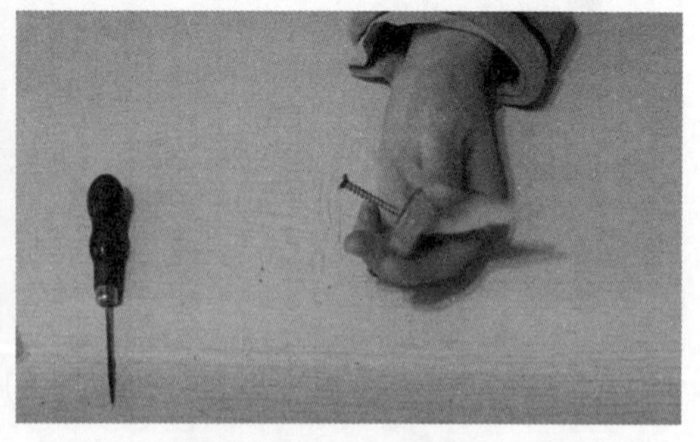

图 5-10　拧螺钉

（3）瓶子里灌满水，拧上瓶盖，如图 5-11 所示。将两根筷子用胶带固定在塑料瓶两侧，如图 5-12 所示。

（4）完成成品，插在花盆里即可使用，如图 5-13 和图 5-14 所示。

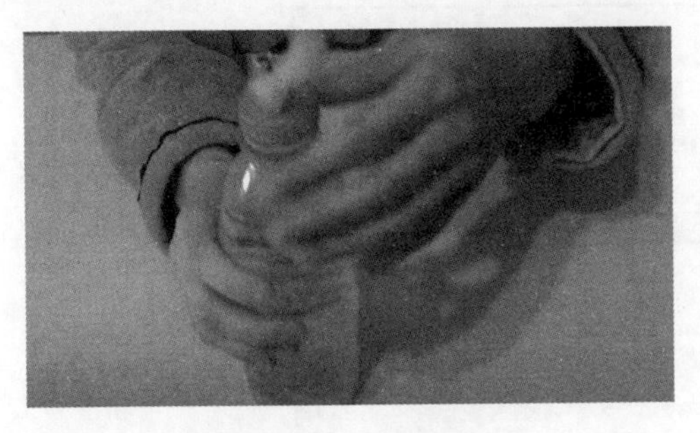

图5-11　拧瓶盖

图5-12　粘筷子

图5-13　成品

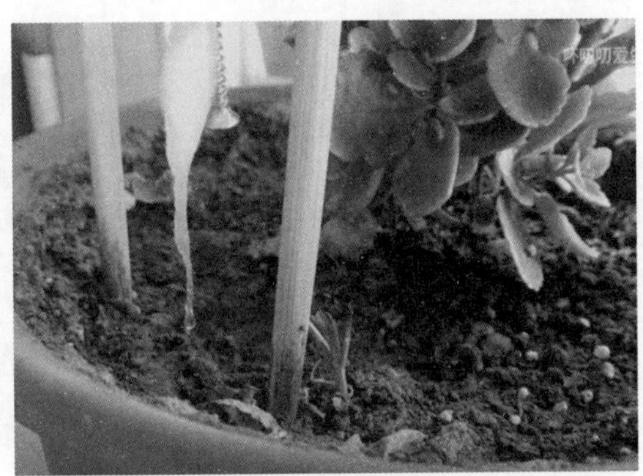

图5-14　成品细节

任务5.3　机械CAD设计螺钉

螺钉可以在中望机械CAD软件中进行演示、修改、制作，只要输入各种螺钉参数，一个符合要求的螺钉就设计成功，也可出具设计图纸进行生产。下面具体介绍设计方法。

打开中望3D软件，进入页面，如图5-15所示，单击“新建”按钮，在“新建文件”对话框中单击“零件”和“标准”按钮，单击“确认”按钮。

进入页面，如图5-16所示，单击“文件浏览器”按钮，在右侧工具栏中单击“重用库”按钮，依次打开“ZW3D Standard Parts”“GB”“螺钉”“内六角螺钉”文件夹，在“文件列表”中找到并双击“内六角圆柱头螺钉GB_T70.1.Z3”文件。

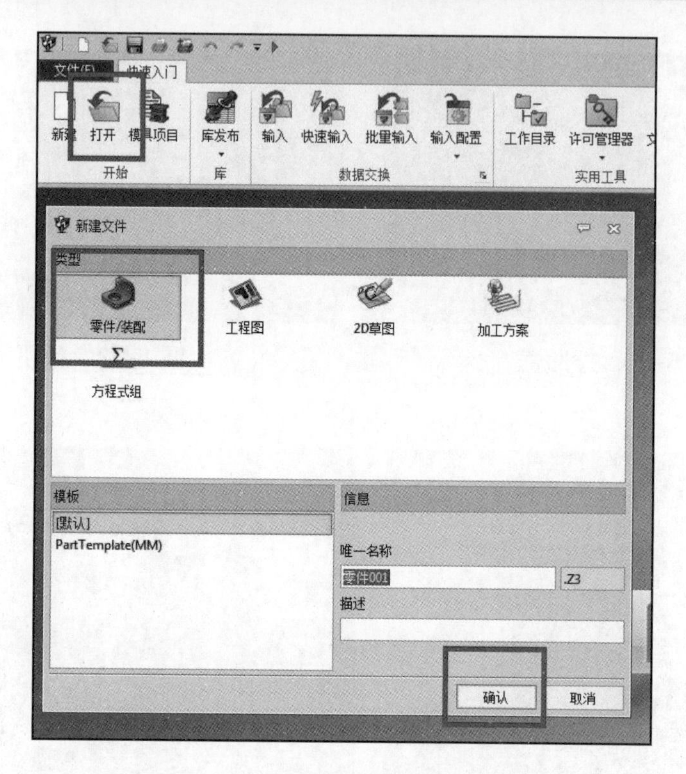

图 5-15　新建零件

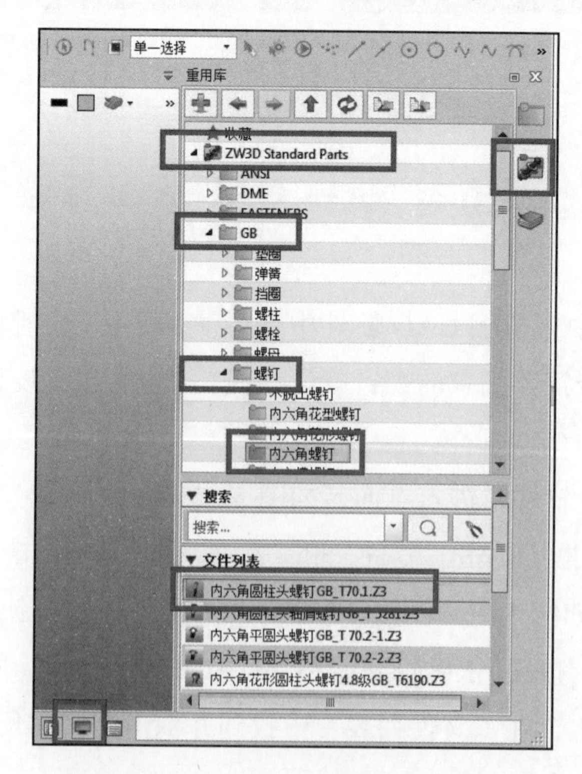

图 5-16　打开内六角圆头螺钉设置

在弹出的“添加可重用零件”对话框中设置“公称直径”为 4mm，“长度”为 12mm，单击“确认”按钮，就可以得到一个公称直径为 4mm、长度为 12mm 的内六角圆柱头螺钉，如图 5-17 所示。

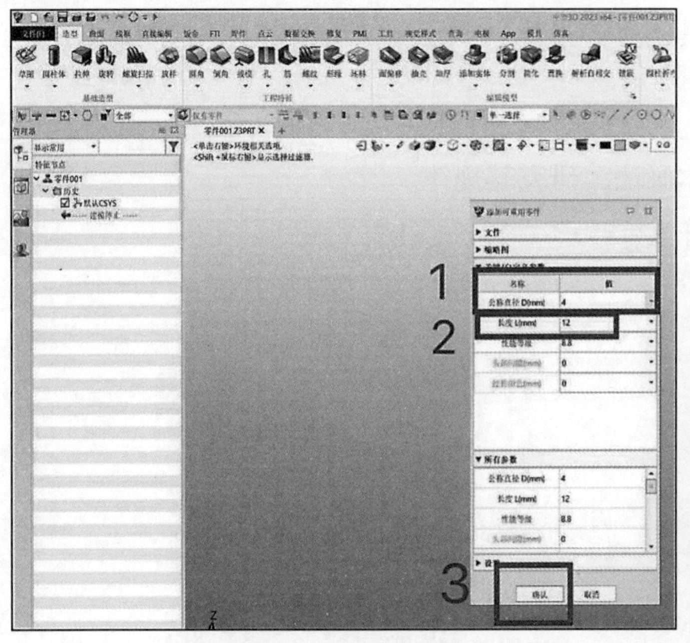

图 5-17　设置参数及内六角圆柱头螺钉最终效果图

任务 5.4　总结及评价

分组讨论制作过程及体会，写出书面总结；互相检查制作结果，集体给每位同学打分。

1. 任务完成大调查

任务完成后，进行总结和讨论，可用表 1-2 所示的打分表进行自我评价。

2. 行为考核

行为考核，主要采用批评与自我批评、自育与互育相结合的方法，通过自我考核和小组考核后班级评定的方式进行。班级每周进行一次民主生活会，就自己的行为进行评议，可用表 1-3 所示的评分表进行评分。

3. 集体讨论题

关于螺钉的趣味玩具还有哪些？

4. 思考与练习

（1）掌握螺钉的基本画法，研究其规律。

（2）螺钉的作用是什么？

项目 6　轴

轴（shaft）在生活中非常常见，一切做旋转运动的零件（带轮、齿轮、飞轮等），都必须安装在轴上才能进行动力和运动的传递，因此轴是机器中不可缺少的零件，如图 6-1 所示。

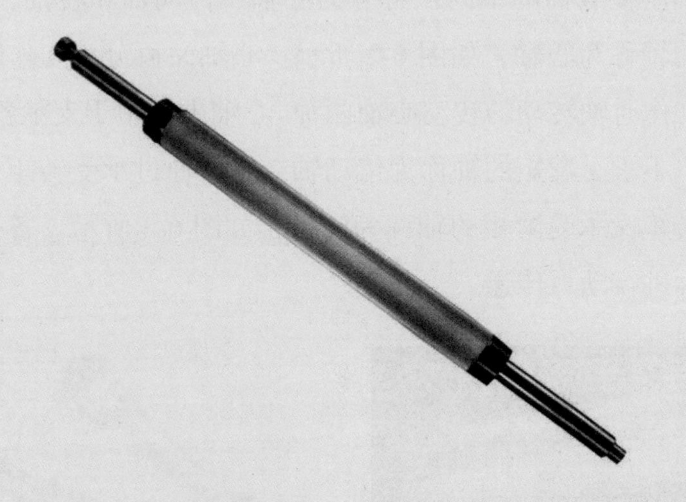

图 6-1　轴

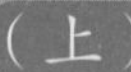

任务 6.1　认　识　轴

轴是穿在轴承、车轮或齿轮中间的圆柱形物件，也有少部分是方形的。轴是支承转动零件并与之一起旋转以传递运动、扭矩或弯矩的机械零件。一般为金属圆杆状，各段可以有不同的直径。

6.1.1　轴的分类

可以根据轴所受的载荷、轴的形状及轴的应用场合等方面对轴进行分类。

（1）按轴所受载荷的不同，可分为心轴、传动轴和转轴。只承受弯矩，不传递转矩的轴称为心轴，如图 6-2 所示。心轴又可分为工作时轴不转动的固定心轴和工作时轴转动的转动心轴两种。心轴主要用于支承各类机械零件。只传递转矩，不承受弯矩的轴称为传动轴，主要通过承受转矩作用来传递动力。既传递转矩又承受弯矩的轴称为转轴，如图 6-3 所示。各类传动零件主要是通过转轴进行动力传递。

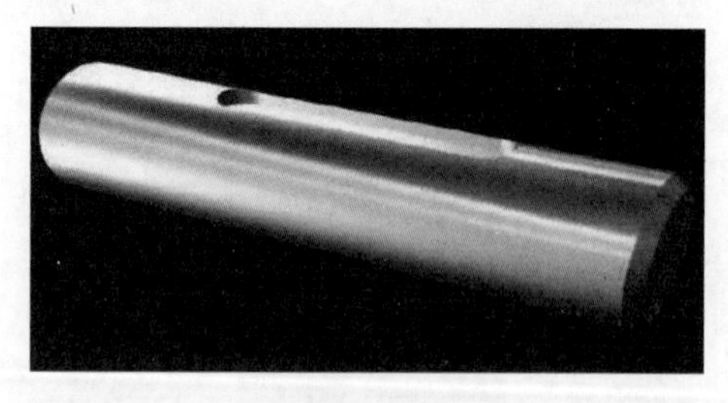

图 6-2　心轴

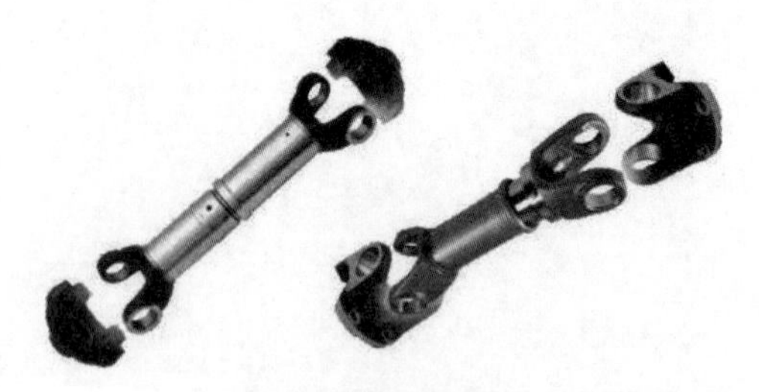

图 6-3　转轴

（2）按结构形状的不同，可分为光轴、阶梯轴、实心轴、空心轴等。由于空心轴的制造工艺较复杂，所以通常在轴的直径较大并有减重要求的场合设计空心轴，如图 6-4 所示。

（3）按几何轴线形状的不同，可分为直轴和曲轴等。此外，还有一类结构刚度较低的轴——软轴，如图 6-5 所示。软轴主要用于两个传动零件的轴线不在同一直线上时的传动。

图 6-4　空心轴

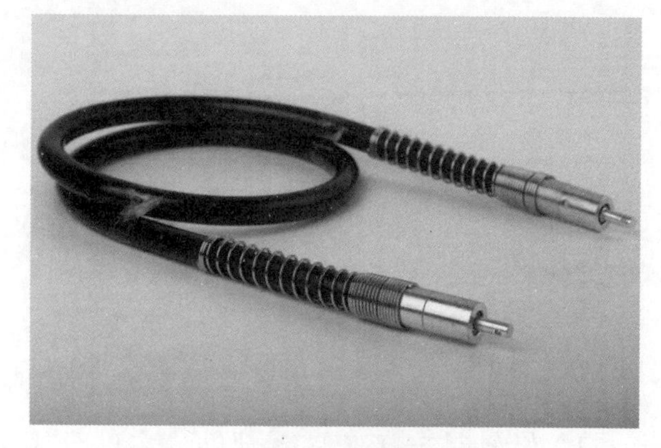

图 6-5　软轴

6.1.2　轴的应用

轴具有良好的连接性能和可重复性，因此广泛应用于各种行业。

（1）心轴，用于支承转动零件，只承受弯矩而不传递扭矩。根据轴工作时是否转动，心轴又可分为转动心轴和固定心轴，转动心轴如自行车的轴等，如图 6-6 和图 6-7 所示。固定心轴如支承滑轮的轴等。

图 6-6　自行车

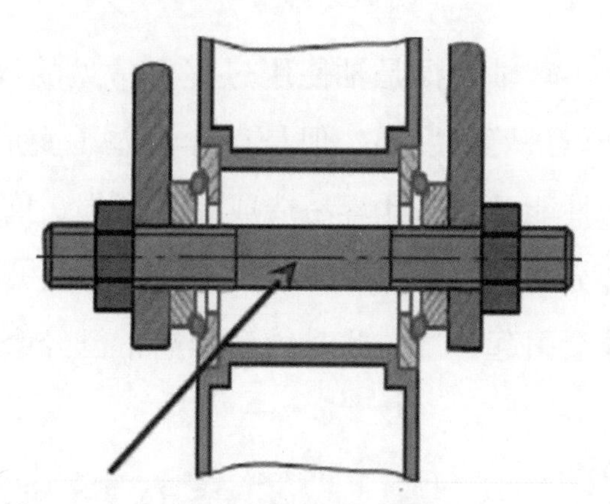

图 6-7　转动心轴

（2）传动轴是一个高转速、少支承的旋转体，因此它的动平衡至关重要。一般传动轴在出厂前都要进行动平衡试验，并在平衡机上进行调整。对于前置引擎后轮驱动的车来说，将变速器的转动传递到主减速器的轴，可以分成几节，节与节之间由万向节连接，如图 6-8 所示。

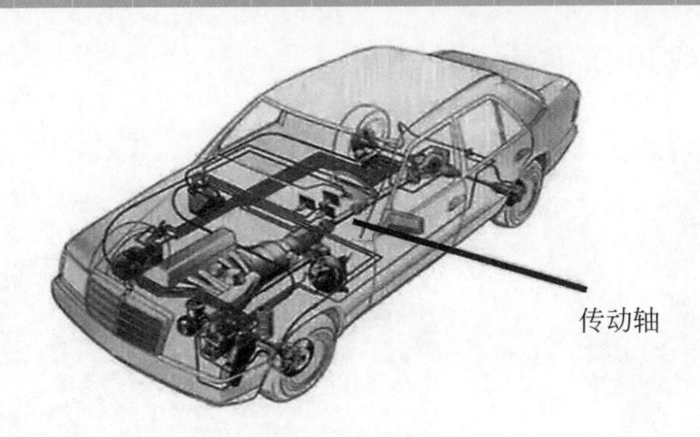

图 6-8　传动轴

（3）转轴是连接产品零部件、主件会用到的、用于转动工作中既承受弯矩又承受扭矩的轴，如图 6-9 和图 6-10 所示。

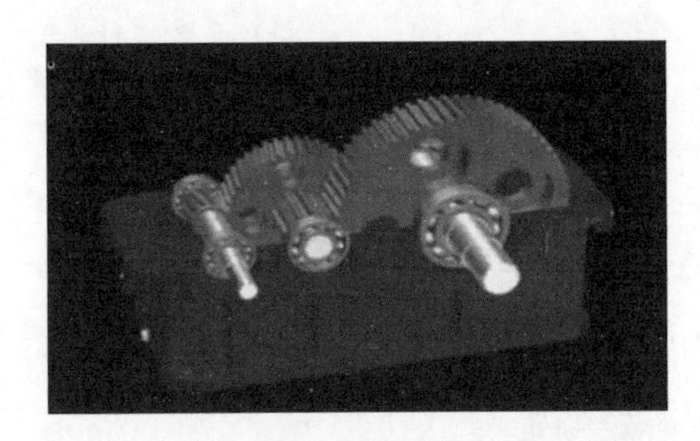

图 6-9　轴

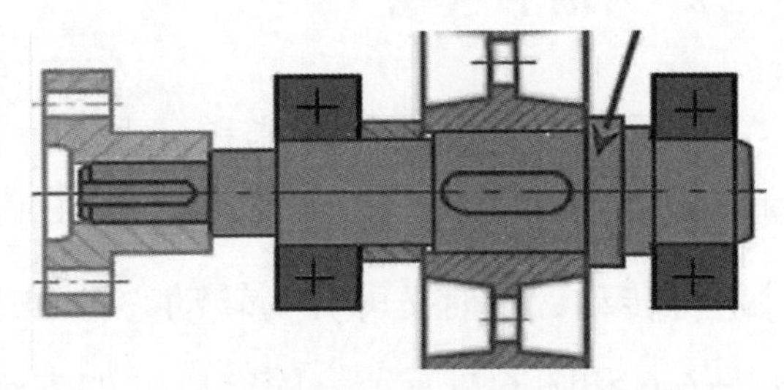

图 6-10　转轴

转轴磨损是轴使用过程中常见的设备问题，主要由轴的金属特性造成。金属虽然硬度高，但是退让性差（变形后无法复原）、抗冲击性能差、抗疲劳性能差，因此容易造成黏着磨损、磨料磨损、疲劳磨损、微动磨损等。大部分的轴类磨损不易察觉，只有出现机器高温、跳动幅度大、异响等情况时，才会引起注意，此时传动轴通常已经磨损严重，从而造成机器停机。

任务 6.2　轴类趣味玩具

轴应用在很多方面，为了更好地了解轴的相关知识，可以自己动手做一个轴的趣味玩具，研究和思考轴的基本规律。

本任务将用轴结构制作简易小汽车。

（1）准备雪糕棒、竹签、塑料瓶盖、吸管、热熔胶、热熔胶棒、绳子，如图 6-11 所示。

（2）把雪糕棒摆成如图 6-12 所示，用热熔胶固定。在车头固定一根吸管当车轴，如图 6-13 所示。在车尾固定两根吸管当后车轴，如图 6-14 所示。

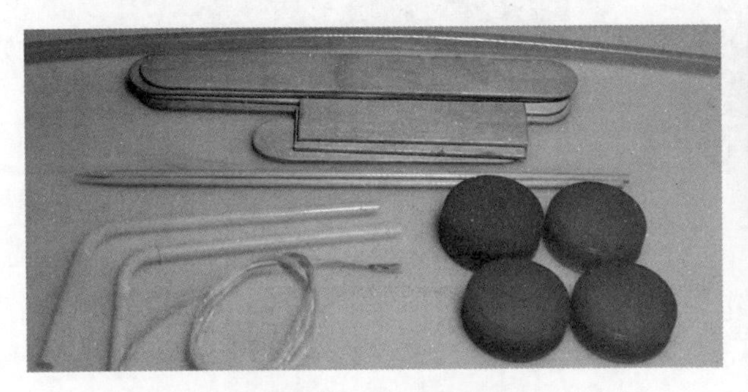

图 6-11 材料准备

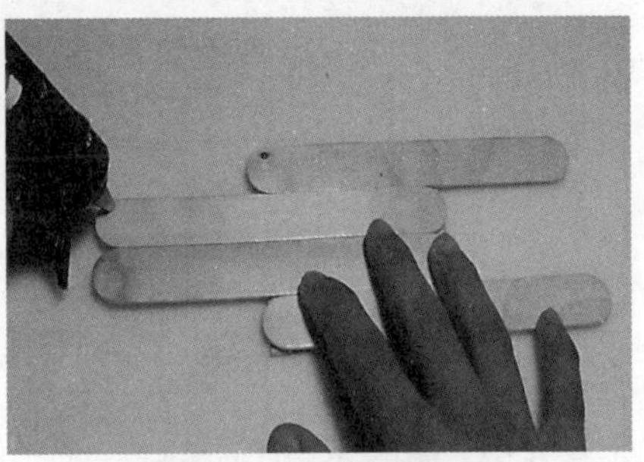

图 6-12 热熔机固定

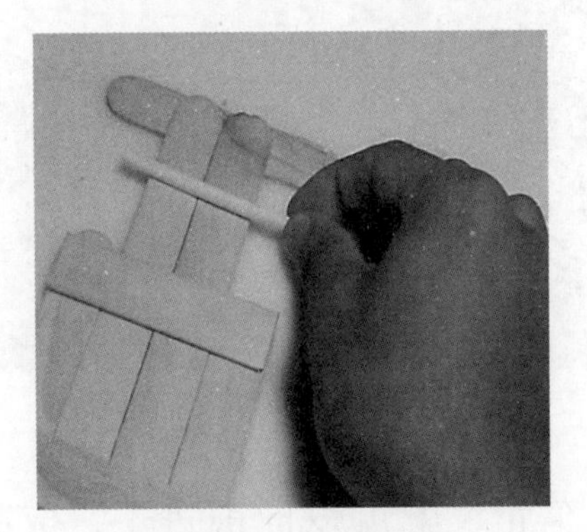

图 6-13 前车轴

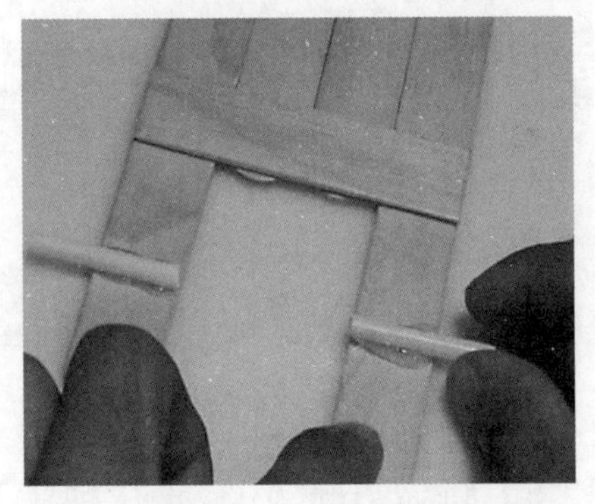

图 6-14 后车轴

（3）分别在 4 个塑料瓶盖中间位置打孔，如图 6-15 所示。再用竹签穿过瓶盖固定，如图 6-16 所示。

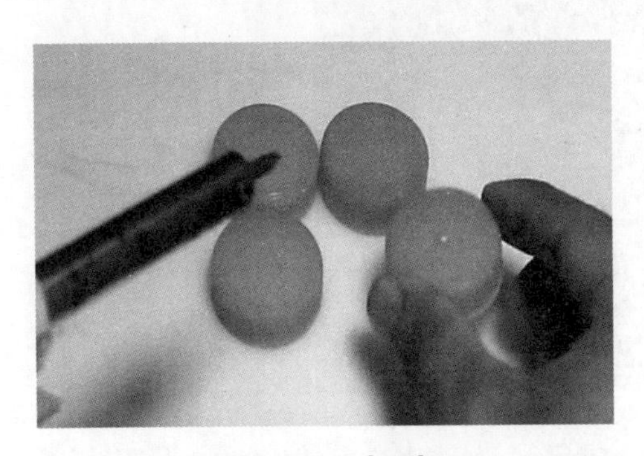

图 6-15 打孔

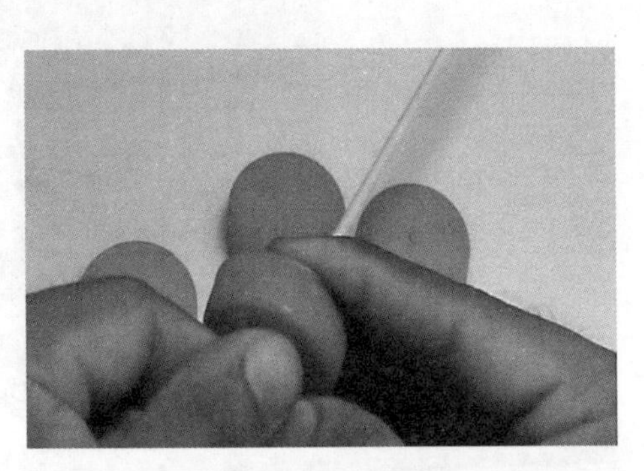

图 6-16 固定

（4）将竹签穿过吸管连接另一个瓶盖并固定，如图 6-17 和图 6-18 所示。

图 6-17　前轮

图 6-18　后轮

（5）将热熔胶棒粘上去，用绳子将胶棒的一端和后车轴连接起来并固定，如图 6-19 和图 6-20 所示。

图 6-19　粘胶棒

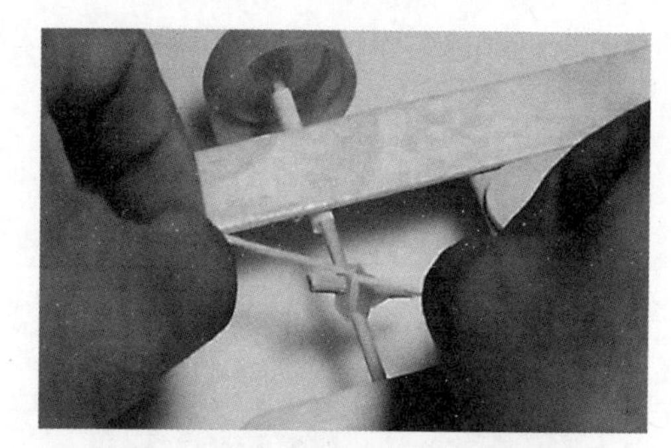

图 6-20　连接胶棒和后车轴

（6）将做好的小车放在地上旋转后车轮，就可以向前进了，成品如图 6-21 所示。

图 6-21　成品

任务 6.3 机械 CAD 绘制轴组装图

轴可以在中望机械 CAD 软件中进行演示、修改、制作，只要输入各种轴参数，一个符合要求的轴就设计成功，也可出具设计图纸进行生产或制作各种机械组装图。下面具体介绍设计方法。

在中望 3D 中，打开“轴草图”文件；在“造型”栏中单击“旋转”按钮；如图 6-22 所示，在弹出的“旋转”对话框中，“轮廓”选择“草图 3”，“轴”选择“0，1，0”，即方向选择 *Y* 轴方向。

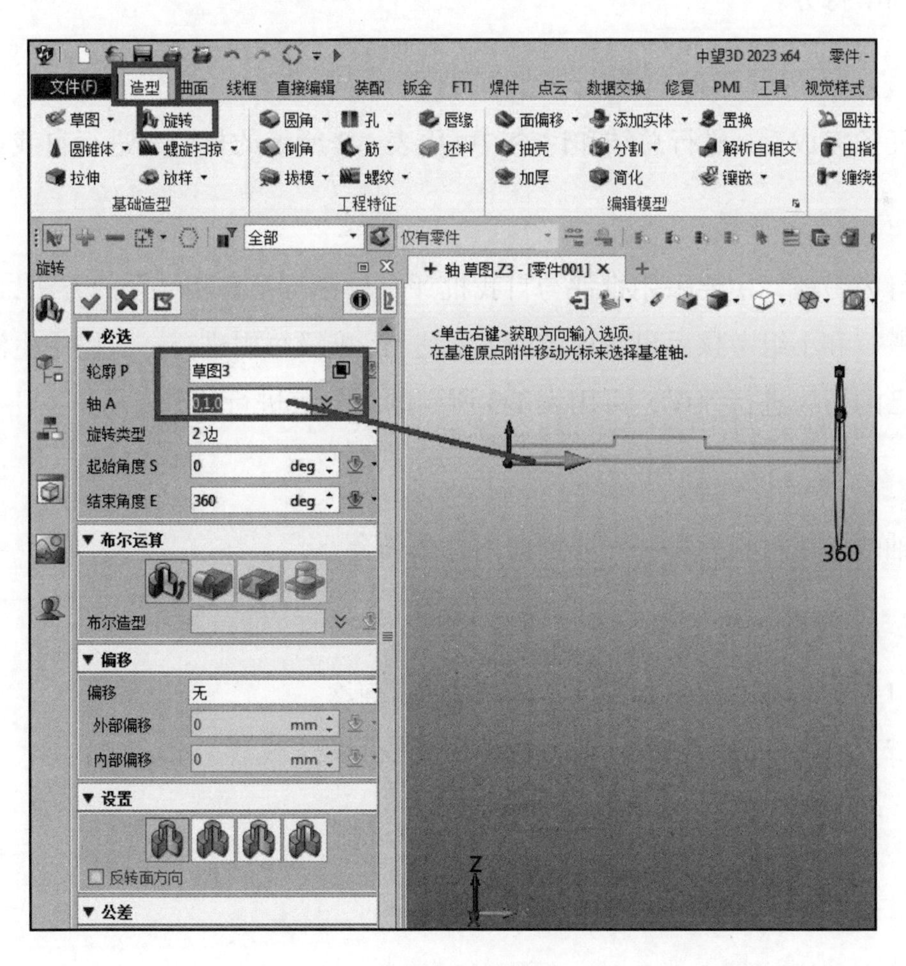

图 6-22 设置参数

单击“确认”按钮，就可以建立一根普通轴，如图 6-23 所示。

图 6-23　普通轴最终效果图

任务 6.4　总结及评价

分组讨论制作过程及体会，写出书面总结；互相检查制作结果，集体给每位同学打分。

1. 任务完成大调查

任务完成后，进行总结和讨论，可用表 1-2 所示的打分表进行自我评价。

2. 行为考核

行为考核，主要采用批评与自我批评、自育与互育相结合的方法，通过自我考核和小组考核后班级评定的方式进行。班级每周进行一次民主生活会，就自己的行为进行评议，可用表 1-3 所示的评分表进行评分。

3. 集体讨论题

轴的常用材料有哪些？分别适用什么场合？

4. 思考与练习

（1）提高轴的强度和刚度常采用哪些措施？

（2）进行轴的结构设计时，应考虑哪些问题？

项目7 轮 轴

由轮和轴组成，能绕共同轴线旋转的简单机械称为轮轴，半径较大的是轮，半径较小的是轴，如图 7-1 所示。

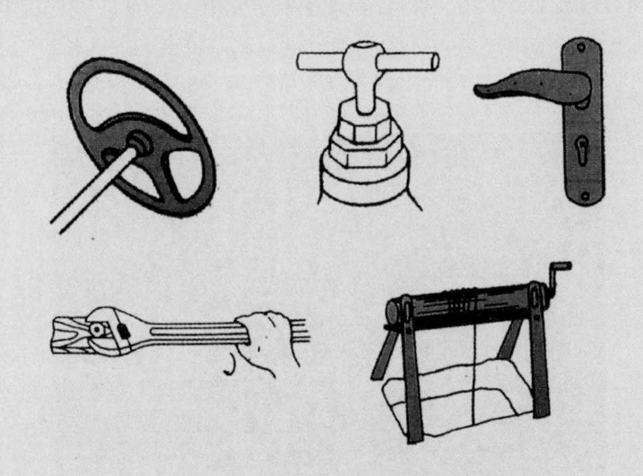

图 7-1 生活中的各种轮轴

美国宇航局将类似于“轮轴”的新型外星车命名为“轮轴”。“轮轴”外星车看上去非常简单，仅由一个两侧装有轮子的圆柱体组成，但是其功能不容小觑。它能够翻越过 0.5m 高的岩石，由于结构非常对称，还能避免外星车在陡峭山坡上最大的烦恼：翻车。

任务 7.1 认识轮轴

轮轴实质是一个以轴心为支点、半径为杆，可以连续转动的杠杆系统，能够改变扭力的力矩，从而改变扭力的大小。日常生活中常见的辘轳、绞盘、石磨、汽车的方向盘、扳手、手摇卷扬机、自来水龙头的扭柄等都是轮轴类机械。

7.1.1 轮轴的组成

轮轴由轮和轴组成，外环叫轮，内环叫轴，两个环是同心圆，如图 7-2 所示。

图 7-2 轮轴

马车、门把手、方向盘和推车这样的轮轴是最简单的，没有动力传递，动力车辆的轮轴就复杂得多。

以汽车为例，如图 7-3 所示，轮轴不是简单的传递动力，否则汽车就不能转弯。在汽车轴的中间，有一个差速器，通过两个半轴给左右车轮传动，这样在汽车转弯时，两边车轮行驶的距离才能不同。为了转弯，人力三轮车的一个后轮和轴是固定的传递动力，另一个后轮可以随轴转动，用以差速转弯。

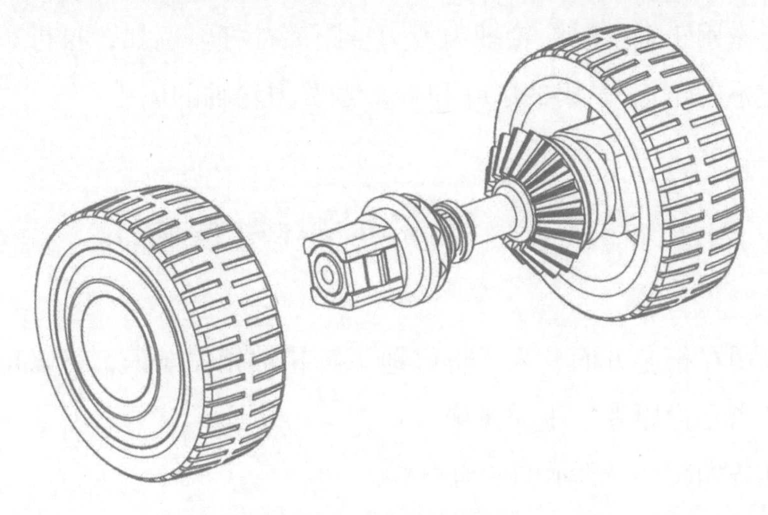

图 7-3　汽车的轮轴

在轴带动轮时，如皮带轮的运动，不仅可以传递动力，还能改变转速。

7.1.2　轮轴的工作原理

轮轴的实质是可以连续旋转的杠杆。使用轮轴时，一般情况下作用在轮上的力和轴上的力的作用线都与轮和轴相切，因此，它们的力臂就是对应的轮半径和轴半径。

由于轮半径大于轴半径，因此当动力作用于轮时，轮轴为省力费距离杠杆，如图 7-4 所示。

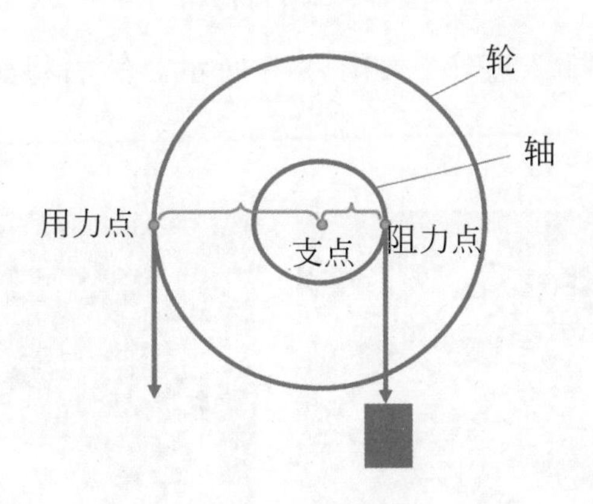

图 7-4　省力杠杆

例如，自行车脚踏与轮盘（大齿轮）是省力轮轴。

当动力作用于轴上时，轮轴为费力省距离杠杆。例如，自行车后轮与轮上的飞盘（小齿轮）、吊扇的扇叶和轴都是费力轮轴的应用。

任务 7.2 轮轴的趣味玩具制作

轮轴应用在很多方面，为了更好地了解轮轴相关知识，可以自己动手制作以轮轴和离心力原理的手动风扇。

（1）准备如图 7-5 所示的所有材料。

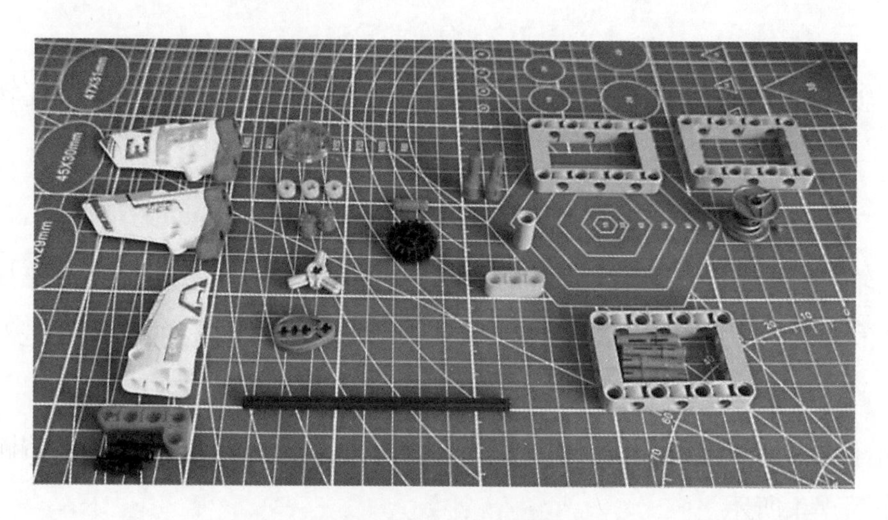

图 7-5 所有材料

（2）将 4 个插销插入底座，如图 7-6 所示。然后将黑色小棍插入绕绳的滚轮，如图 7-7 所示。

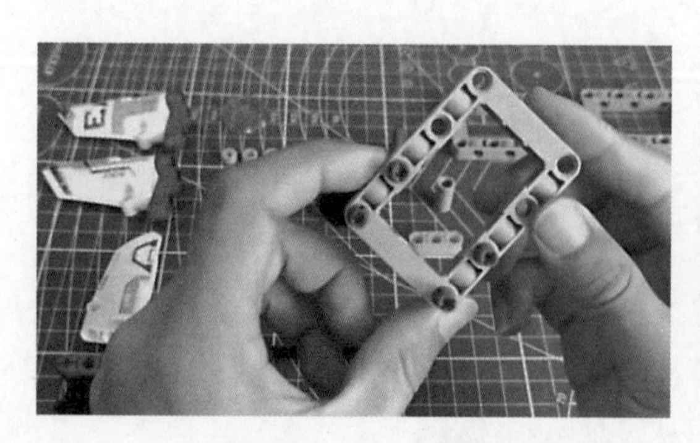

图 7-6 插入底座

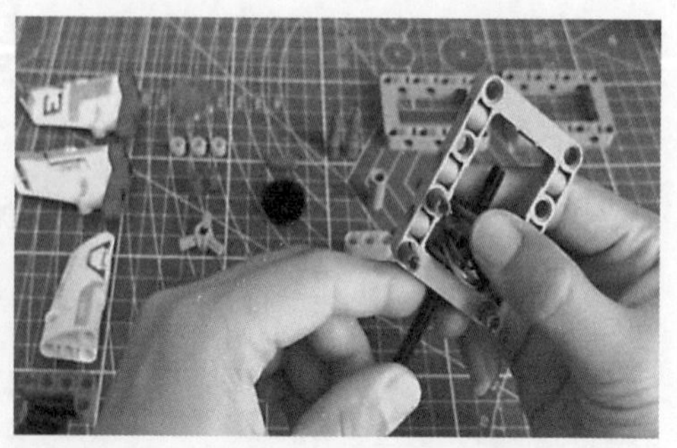

图 7-7 将黑色小棍插入绕绳滚轮

（3）将绕绳的滚轮抽出来，安装扶手，如图 7-8 所示。在黑色小棍的底部安装轮轴，如图 7-9 所示。

图 7-8　安装扶手

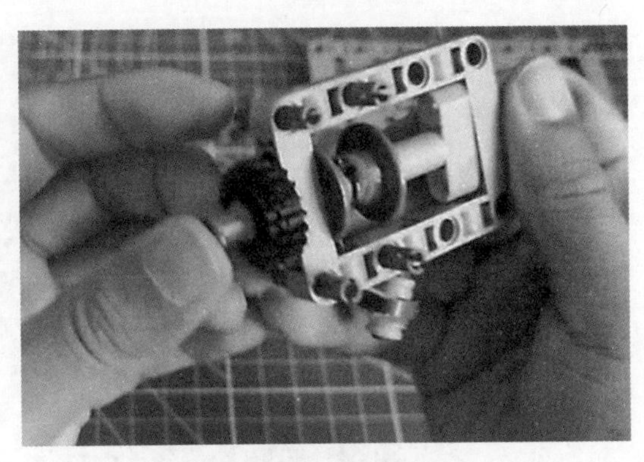

图 7-9　安装轮轴

（4）将另外 2 个支架用插销安装起来，如图 7-10 所示。

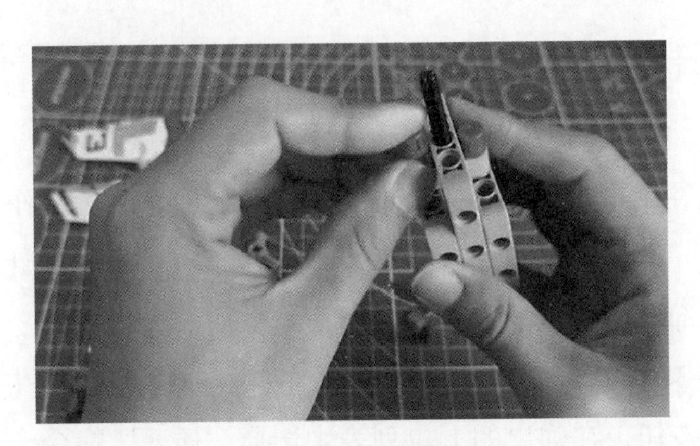

图 7-10　安装支架

（5）安装叶片，如图 7-11 和图 7-12 所示。

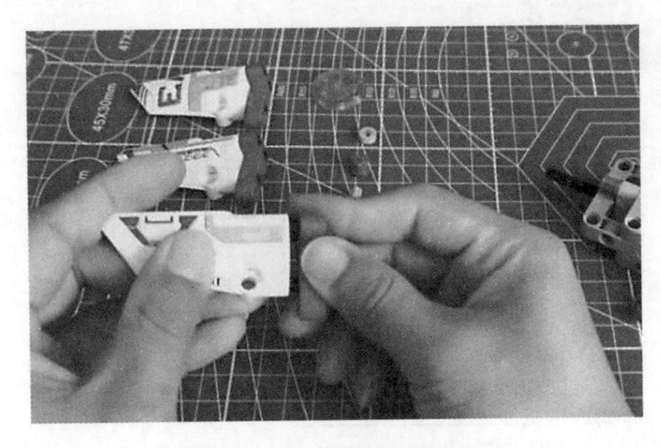

图 7-11　安装叶片 1

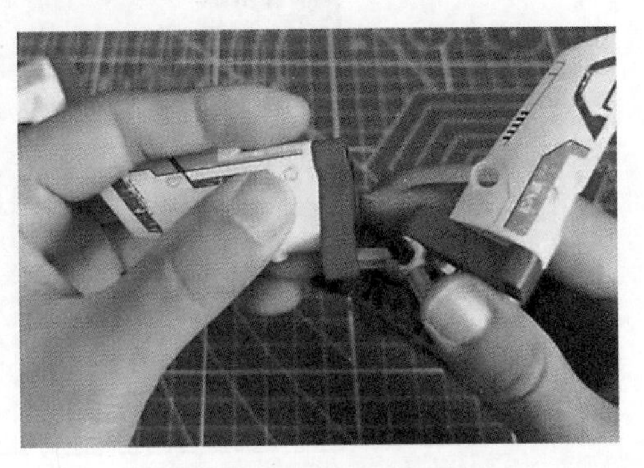

图 7-12　安装叶片 2

（6）将叶片安装到做好的支架上，一个用轮轴所做的小风扇就做好了，如图 7-13 所示。

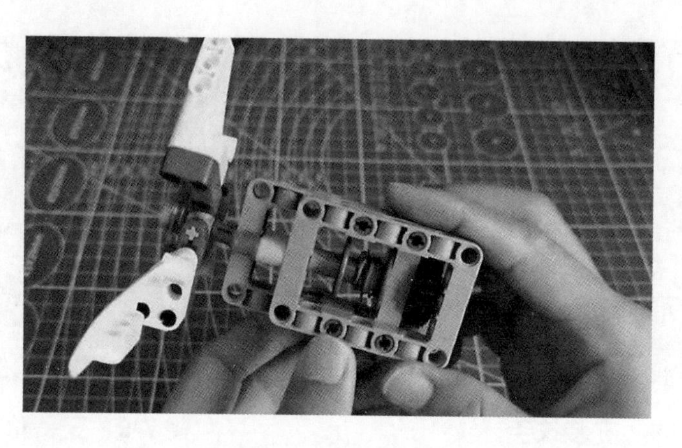

图 7-13　成品

任务 7.3　机械 CAD 绘制轮轴组装图

轮轴可以在中望机械 CAD 软件中进行演示、修改、制作，只要输入各种轮轴参数，一个符合要求的轮轴就设计成功，也可出具设计图纸进行生产或进行机械零部件组装，下面具体介绍设计方法。

打开中望 3D，新建一个“装配”图。如图 7-14 所示，在“装配”栏中单击“插入”按钮，在弹出的下拉列表中选择“插入”命令。

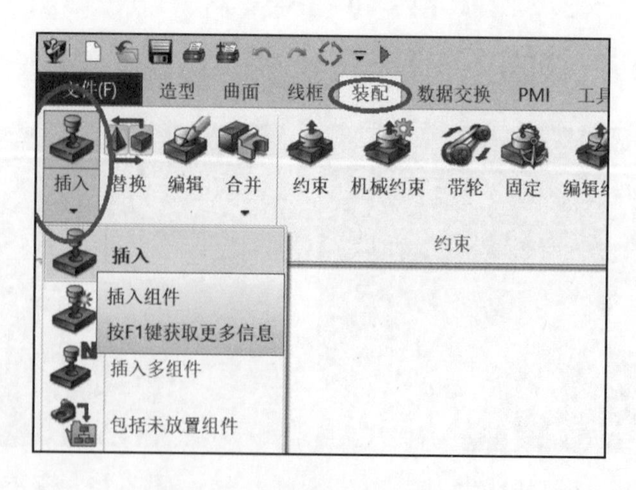

图 7-14　选择“插入”命令

如图 7-15 所示，在弹出的“插入”对话框中单击“文件夹”按钮，在弹出的对话框中选择所需的零件文件，此处选择“轴零件”文件，单击“打开”按钮，在“插入”对话框中单击“应用”按钮，同样的操作插入“轮零件”文件，在“轴零件”和“轮零件”都插入完成后单击“确认”按钮。

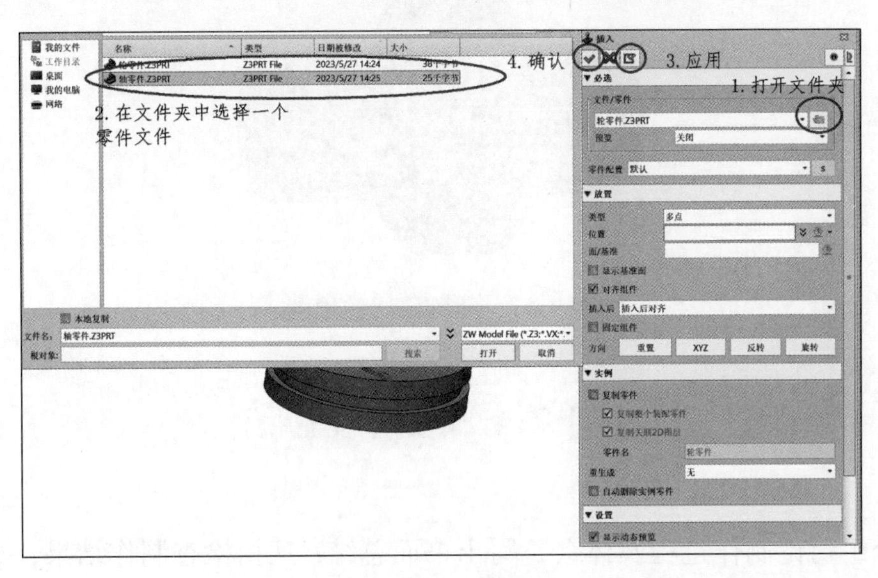

图 7-15 应用

在“装配”栏中单击“编辑约束”按钮，如图 7-16 所示，在弹出的“编

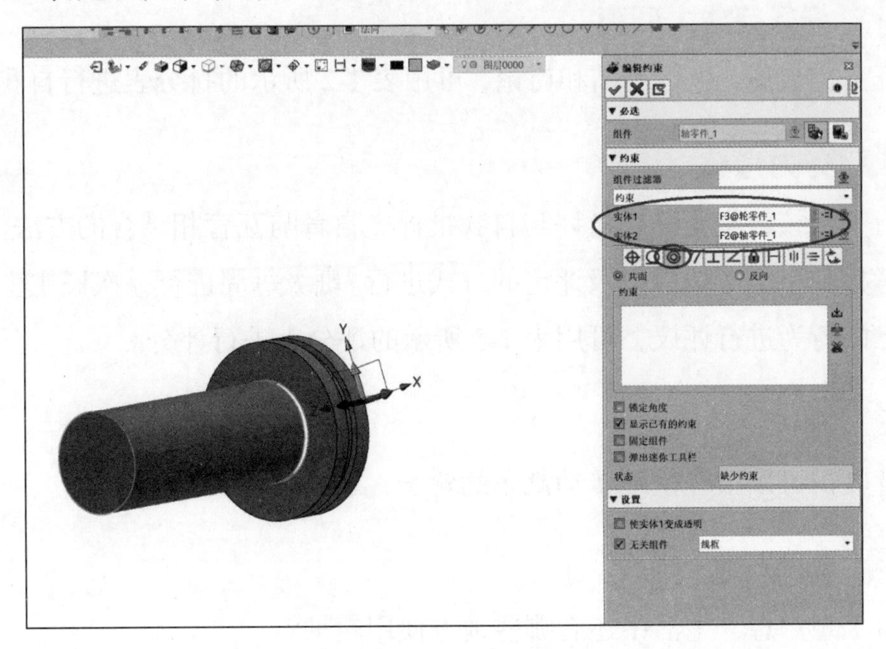

图 7-16 编辑约束

辑约束”对话框中，实体 1 和实体 2 分别选择“轴”的外表面和“轮”的内表面，选择“同心”约束，单击“确认”按钮。

约束完成后，拖动“轮”使两零件组装，如图 7-17 所示。

图 7-17　轮轴最终效果图

任务 7.4　总结及评价

分组讨论制作过程及体会，写出书面总结；互相检查制作结果，集体给每位同学打分。

1. 任务完成大调查

任务完成后，进行总结和讨论，可用表 1-2 所示的打分表进行自我评价。

2. 行为考核

行为考核，主要采用批评与自我批评、自育与互育相结合的方法，通过自我考核和小组考核后班级评定的方式进行。班级每周进行一次民主生活会，就自己的行为进行评议，可用表 1-3 所示的评分表进行评分。

3. 集体讨论题

驾驶员可以很轻松地转动汽车的轮子，靠的是什么？

4. 思考与练习

（1）想一想，生活中还有哪些地方使用轮轴？

（2）辘轳是世界上最早的轮轴，是哪个国家发明的？

项目8　滑　　轮

滑轮是可以绕着中心轴旋转的简单机械。日常生活中有很多滑轮装置，如建筑工地上吊重物的滑轮、升国旗时旗杆上的滑轮、窗帘和晾衣架上的滑轮等。

任务 8.1 认识滑轮

滑轮最早出现在公元前 8 世纪一幅亚述浮雕中，在中国，最早出现在汉代的画像砖上。是人类历史上重要的六种简单机械之一。

8.1.1 滑轮的结构

滑轮是一个周边有槽，能够绕轴转动的小轮，由轴和可绕中心轴转动的圆轮组成。圆轮的圆周有沟槽，将柔索（绳、胶带、钢索、链条等）缠绕于沟槽，用力牵拉绳索两端的任一端，则绳索与圆轮之间的摩擦力会促使圆轮绕着中心轴旋转，如图 8-1 所示。

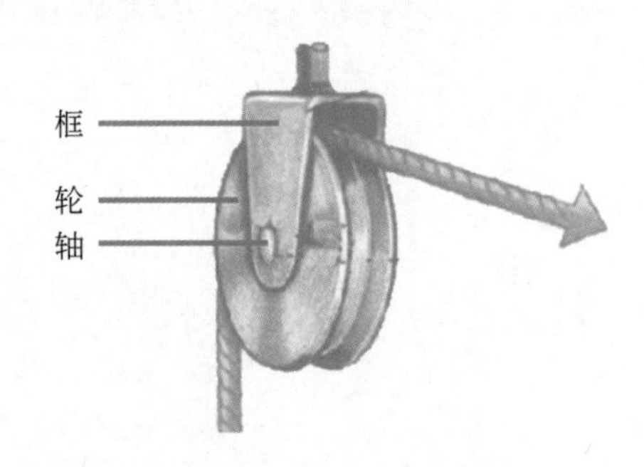

图 8-1 滑轮的结构

8.1.2 滑轮的种类及特点

按滑轮中心轴的位置是否移动，可将滑轮分为定滑轮和动滑轮。定滑轮的中心轴固定不动，动滑轮的中心轴可以移动，各有各的优势和劣势。将定滑轮和动滑轮组装在一起可构成滑轮组，滑轮组不但省力而且可以改变力的方向。

1. 定滑轮

使用滑轮时，轴的位置固定不动的滑轮称为定滑轮，如图 8-2 所示。定滑轮实质是等臂杠杆，不省力也不费力，但可以改变作用力的方向。当我们使用定滑轮拉一个很重的物体时，可使用定滑轮将施力方向转变为容易出力的方向，就更容易拉动重物。

2. 动滑轮

使用滑轮时，轴的位置随着物体一起移动的滑轮称为动滑轮，如图 8-3 所示。动滑轮实质是动力臂等于 2 倍阻力臂的杠杆，因此是省力杠杆，它不能改变力的方向，但理论上能省一半力。

使用动滑轮虽然省了力，但是动力移动的距离大于物体升高的距离，浪费了距离。动滑轮向上提绳子可以将重物和挂着重物的动滑轮一起提到最高处。

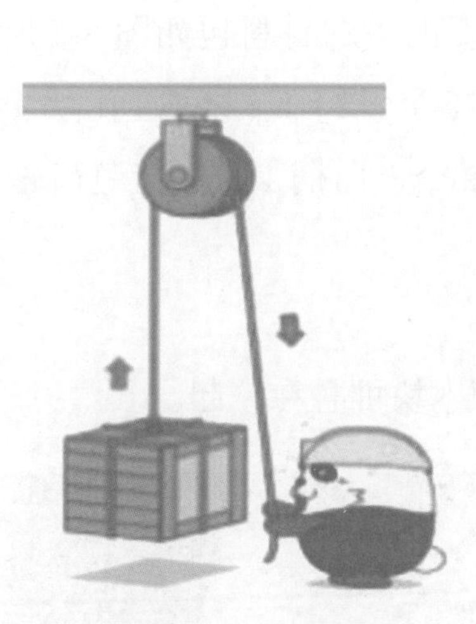

图 8-2 定滑轮

图 8-3 动滑轮

3. 滑轮组

滑轮组由若干定滑轮和动滑轮组合而成，可以达到既省力又改变力作用方向的目的。使用滑轮组时，理论上滑轮组用几段绳吊着物体，提起物体所用的力就是物重的几分之一，如图 8-4 所示。

滑轮组的组装方法有很多，在使用滑轮组时，不同的设计方法会有不同的效果，同学们可自行探究。

图 8-4　滑轮组

任务 8.2　滑轮趣味玩具制作

本任务将用大颗粒积木拼搭滑轮组，需要准备的材料包如图 8-5 所示。绿色 2×4 积木块 10 个、粉色 2×4 积木块 1 个，2×8 红色通孔块 1 个、2×4 蓝色通孔块 1 个、带绳滑轮 1 组、滑轮 2 个、曲柄 1 个、蓝色齿轮轴 2 个、灰通长轴 1 个。

准备好材料后，开始拼搭，步骤如下。

（1）如图 8-6 所示，将 10 个绿色 2×4 积木块堆叠在一起。

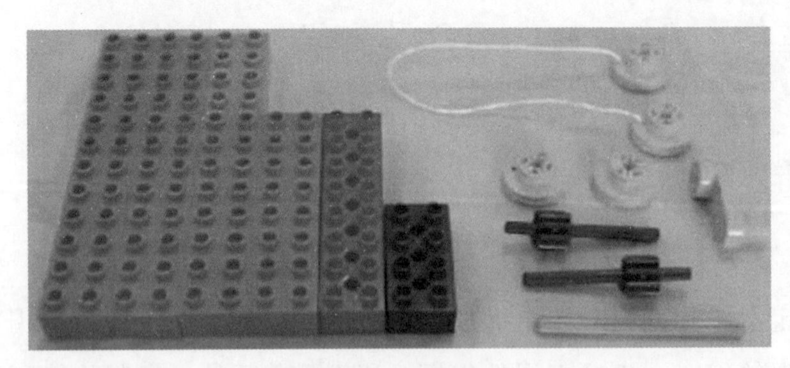

图 8-5　材料包

图 8-6　堆叠 2×4 积木块

（2）如图 8-7 所示，继续堆叠蓝色、红色通孔块和粉色 2×4 积木块。

（3）分别在红色通孔块的第 3 个孔和蓝色通孔块的第 1 个孔里面装上蓝

色齿轮轴，如图 8-8 所示。在红色通孔块的轴上装上曲轴，如图 8-9 所示。

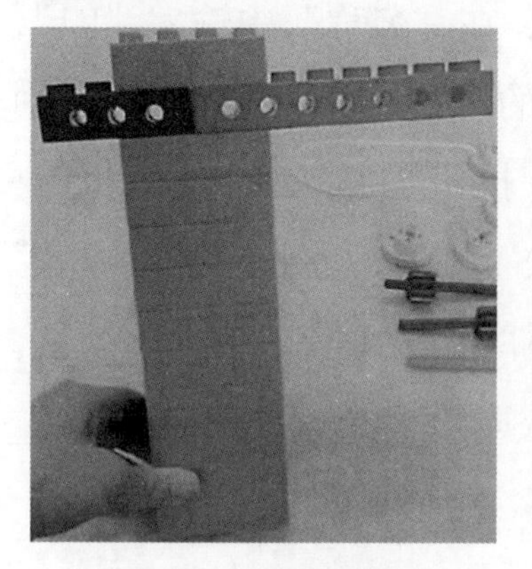

图 8-7　堆叠通孔块

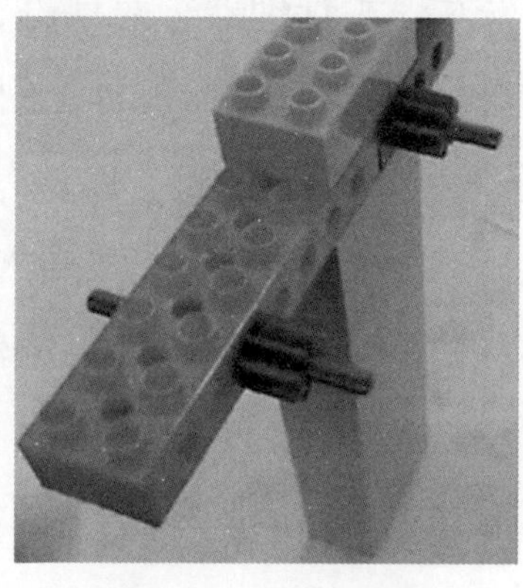
图 8-8　装齿轮轴

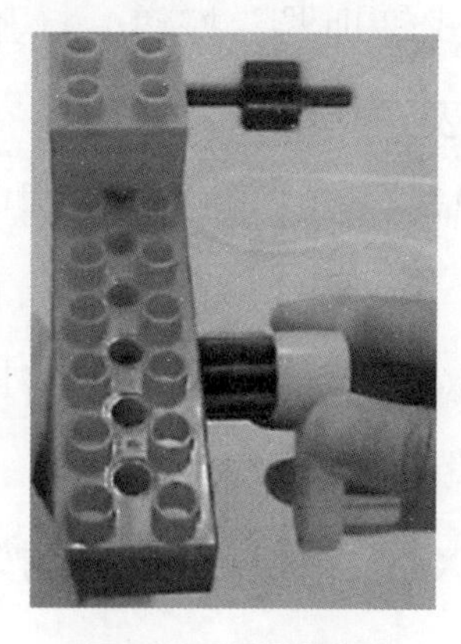
图 8-9　装曲轴

（4）将 1 组带绳的滑轮分别装在齿轮轴的另一端，如图 8-10 所示。

（5）将 2 个滑轮背对背装在长轴上面，如图 8-11 所示。

（6）将装好滑轮的长轴放到绳子上，使绳子卡在 2 个滑轮的缝隙间，作为动滑轮，滑轮组便做好了，如图 8-12 所示。用手转动曲轴，物体会随着动滑轮一起移动。

图 8-10　装滑轮

图 8-11　将滑轮装到轴上

图 8-12　安装完的滑轮组

任务 8.3　机械 CAD 绘制产品组装图

滑轮可以在中望机械 CAD 软件中进行演示、修改、制作，只要输入各种滑轮参数，一个符合要求的滑轮就设计成功，也可出具设计图纸进行生产或进行机械零部件组装演示，下面具体介绍设计方法。

打开中望 3D 软件，新建一个“装配图”。在“工具”栏中单击“方程式管理器”按钮，打开“方程式管理器”对话框，在“名称”中输入“L1”，表达式中输入“30”，单击“确认”按钮添加 L1 的参数。继续在“名称”中输入“L2”，表达式中输入“150”，单击“确认”按钮添加 L2 的参数。

如图 8-13 所示，在“装配”栏中单击“插入”按钮，在弹出的“插入”对话框中插入零件“外壳 .Z3PRT”，勾选“固定组件”复选框（只有此处勾选，其他零件均不勾选），将“位置”设置为 0，“面 / 基准”选择“默认 CSYS_XZ”，单击“确认”按钮。

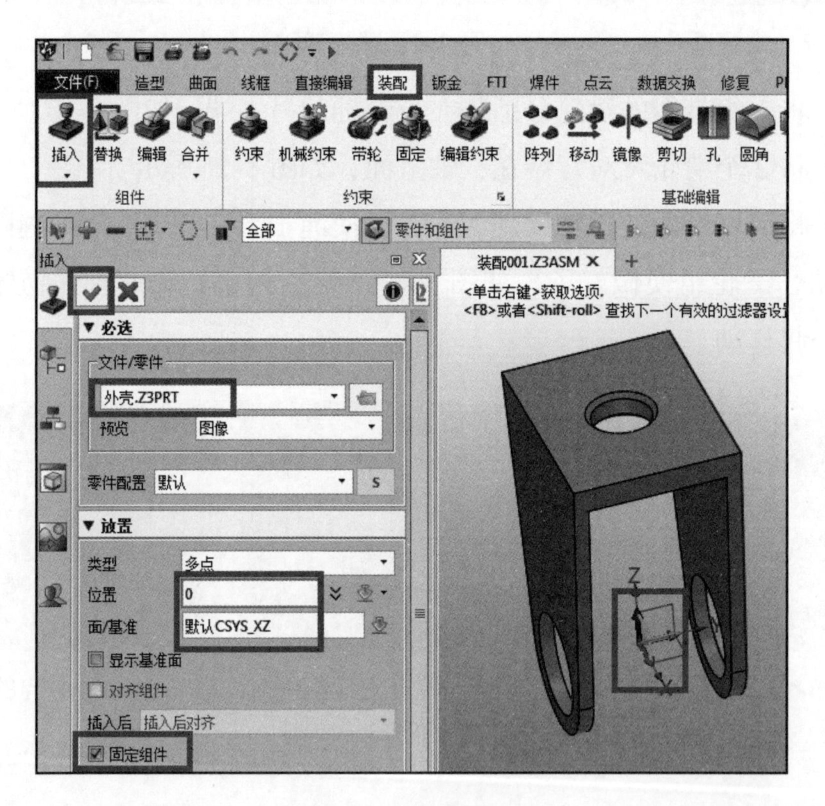

图 8-13 插入外壳

用同样的方法插入零件“轮子 .Z3PRT”，将“位置”设置为 0，“面 / 基准”选择“默认 CSYS_XZ”。单击“确认”按钮后在“装配”栏单击“编辑约束”按钮，如图 8-14 所示，在弹出的“编辑约束”对话框中，将“实体 1”设置为外壳的内表面，“实体 2”设置为轮子外表面，选择“重合”进行约束，选中“值”单选按钮，并将“偏移”设置为 1mm。

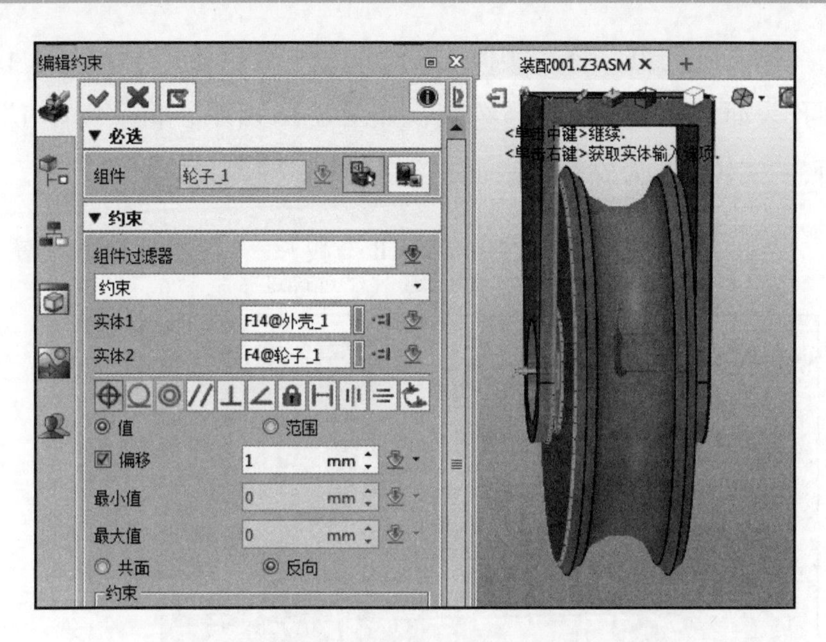

图 8-14　添加轮子与外壳的“重合”约束

如图 8-15 所示，在“装配”栏中单击“约束”按钮，将“实体 1”设置为轮子的内圆孔表面，“实体 2”设置为外壳的内圆孔表面，“约束”条件选择“同心”进行约束。

图 8-15　添加轮子与外壳的“同心”约束

插入零件“主轴”，单击“确认”按钮，位置靠近组合件即可。按上面步骤添加“同心”约束，将“实体 1”设置为主轴表面，“实体 2”设置为外壳的内圆孔表面。添加“重合”约束，如图 8-16 所示，将“实体 1”为主轴帽内表面，“实体 2”为外壳外表面，约束条件选择“重合”。

<F8>或者<Shift-roll>查找下一个有效的过滤器设置
<Shift+鼠标右键>显示选择过滤器

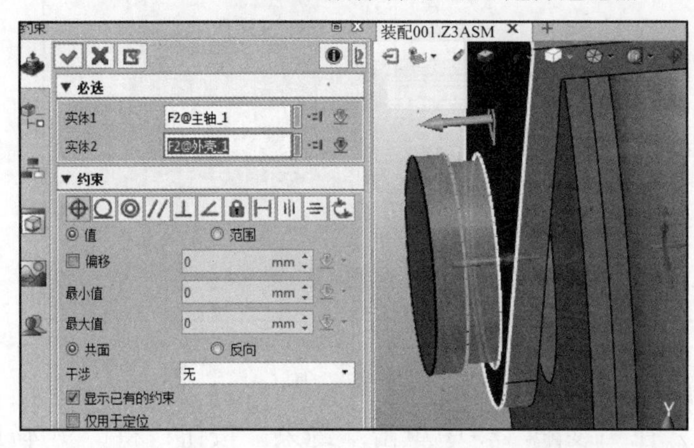

图 8-16　添加主轴与外壳的“重合”约束

插入零件“小销子”,单击“确认”按钮,位置靠近组合件即可。添加“同心”约束，如图 8-17 所示，将“实体 1”设置为小销子圆柱表面，“实体 2”设置为主轴的孔内表面。添加“相切”约束，将“实体 1”设置为小销子帽

图 8-17　添加主轴与小销子的“同心”约束

内表面，“实体 2”设置为主轴的外表面。

此任务所有约束命令均作用在面与面，请捕捉准确（按住鼠标右键不放，可旋转图形；按住鼠标左键，可平移图形；鼠标滚轮可放大缩小图形）。

装配好后在屏幕空白处右击，弹出“隐藏实体”对话框，单击“隐藏实体”下的“隐藏”按钮，将轮子和主轴隐藏，便于更好地捕捉基准面并看清后面所画草图。在“造型”栏中单击“草图”按钮，在弹出的“草图”对话框中，“平面”选择默认 CSYS_XZ，使用圆工具画圆，圆心捕捉基准点，半径为 16mm，选择“直线”工具画完两条竖线，长度随意，如图 8-18 所示，选择“划线修剪”命令，将圆的下半部分剪掉（按住鼠标左键不松，滑动修剪），使其变成拱门形状。

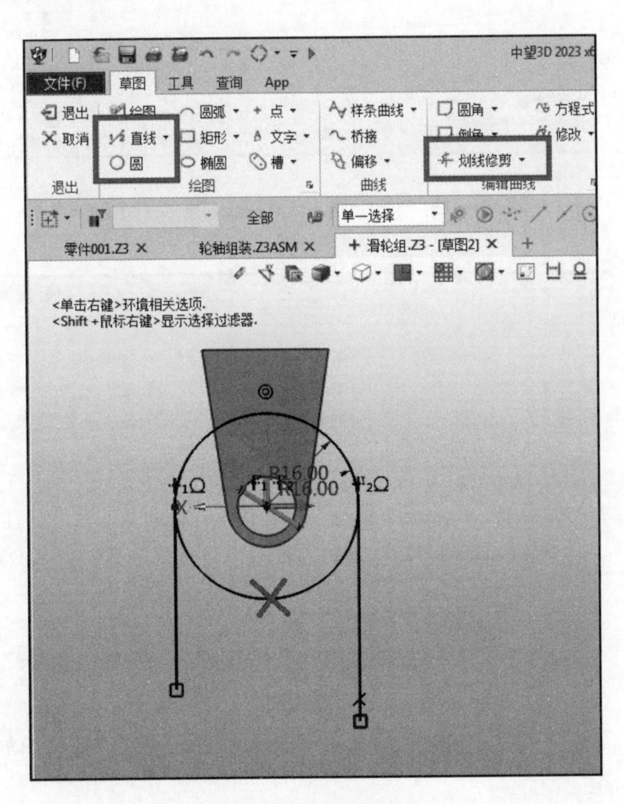

图 8-18 划线修剪

在“造型”栏中单击“快速标注”命令，在弹出的“输入标注值”对话框中修改第一条直线长度为 L1，如图 8-19 所示。单击“草图”按钮，在弹出的下拉列表中选择“周长”命令，全选所画三条线，文本插入位置可以选择任意位置，单击“确认”按钮后将数值改为 L2，如图 8-20 所示。

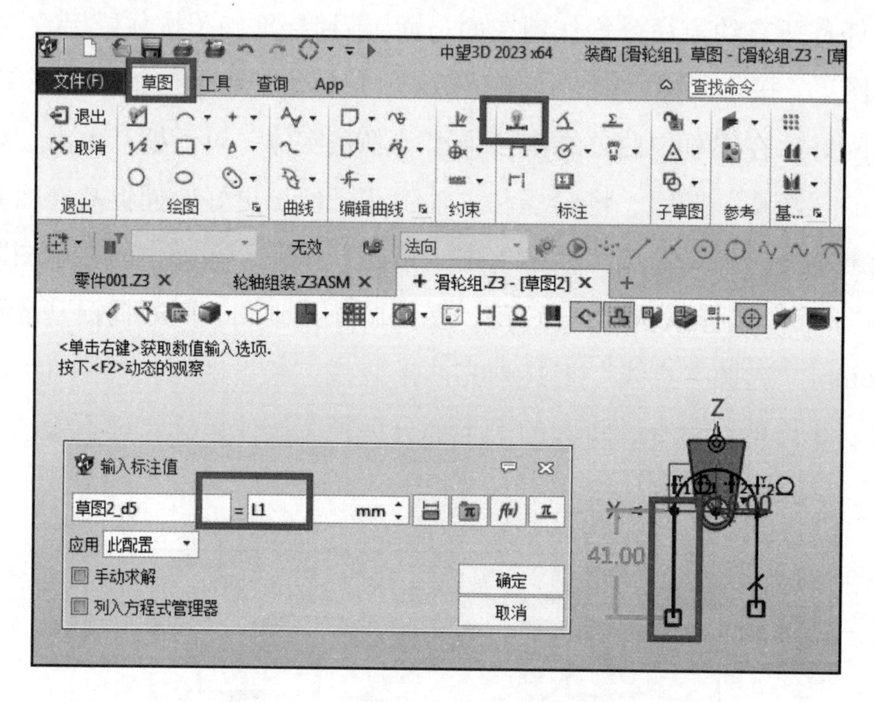

图 8-19　快速标注及修改直线长度

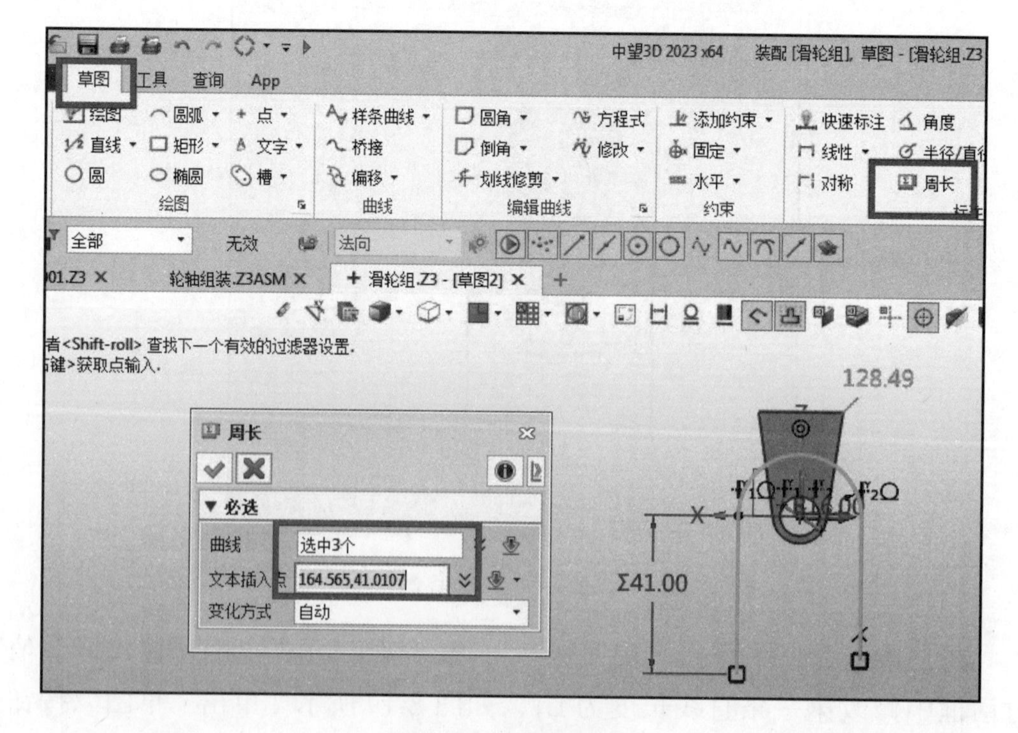

图 8-20　修改周长

完成草图后退出，在“造型”栏中单击“杆状扫掠”按钮，可将刚才所画线段变成绳索实体，“直径”改为 2mm。可为绳索画上其他部件模拟重物，将隐藏的部件显示出来。

在“工具”栏中单击“设计优化器”按钮，“名称”设置为 L1，步距可设置为 1~20，数值越大，绳索单次运动距离越长，可以使绳索动起来，方便观察运动轨迹。

任务 8.4　总结及评价

分组讨论制作过程及体会，写出书面总结；互相检查制作结果，集体给每位同学打分。

1. 任务完成大调查

任务完成后，进行总结和讨论，可用表 1-2 所示的打分表进行自我评价。

2. 行为考核

行为考核，主要采用批评与自我批评、自育与互育相结合的方法，通过自我考核和小组考核后班级评定的方式进行。班级每周进行一次民主生活会，就自己的行为进行评议，可用表 1-3 所示的评分表进行评分。

3. 集体讨论题

滑轮组有什么功能?

4. 思考与练习

（1）动滑轮两端物体的加速度有什么关系?

（2）比较动、定滑轮和滑轮组的区别并分析其优缺点

项目9 齿　　轮

齿轮是能互相啮合的有齿的机械零件，在机械传动及整个机械领域中的应用极其广泛，如图 9-1 所示。

图 9-1　齿轮

任务9.1 认识齿轮

齿轮是指轮缘上有齿，能连续啮合传递运动和动力的机械零件。现代齿轮技术已经非常先进，齿轮模数为 0.004~100mm；齿轮直径为 1mm~150m；传递功率可达上十万千瓦；转速可达几十万转 / 分；最高的圆周速度达 300m/s。

1. 齿轮的结构

齿轮结构一般有轮齿、齿槽、端面、法面、齿顶圆、齿根圆、基圆、分度圆。

轮齿（齿）是指齿轮上的每个用于啮合的凸起部分，一般这些凸起部分呈辐射状排列，配对齿轮上轮齿互相接触，使齿轮持续啮合运转。齿槽是指齿轮上两相邻轮齿之间的空间。端面是指在圆柱齿轮或圆柱蜗杆上垂直于齿轮或蜗杆轴线的平面。法面是指在齿轮上垂直于轮齿齿线的平面。齿顶圆是指齿顶端所在的圆。

2. 齿轮的参数

模数（m）、压力角（α）和齿数（z）是齿轮的三大基本参数，以此参数为基础计算齿轮各部位尺寸，轮齿的高度由模数（m）决定。齿顶高（h_a）是从齿顶到分度线的高度，$h_a=1m$。齿根高（h_f）是从齿根到分度线的高度，$h_f=1.25m$。齿厚（s）的基准是齿距的一半，$s=\pi m/2$。决定齿轮大小的参数是齿轮的分度圆直径（d）。齿轮的参数如图 9-2 所示。

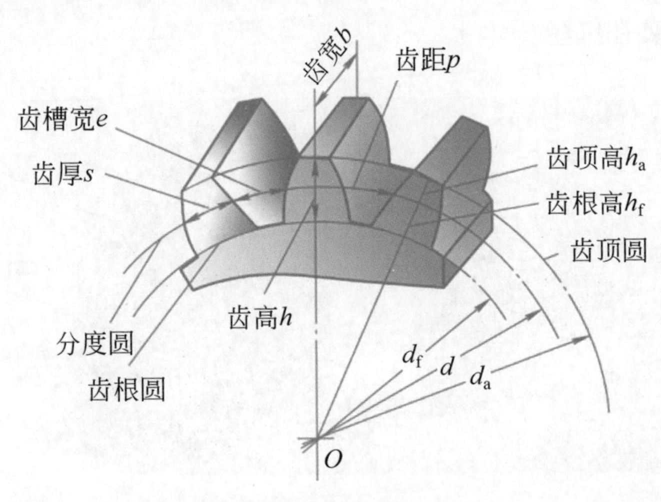

图 9-2 齿轮的参数

任务 9.2　齿轮风车制作

齿轮应用在很多方面，为了更好地了解齿轮相关知识，可以自己动手做一个齿轮风车，研究和思考一下齿轮的基本规律。

（1）材料准备，如图 9-3 所示。

（2）如图 9-4 所示，以灰色长方形板作为底板，将 2 个 1×8 红色长条积木，从上到下分别安装在底板第 6 行和第 8 行上。

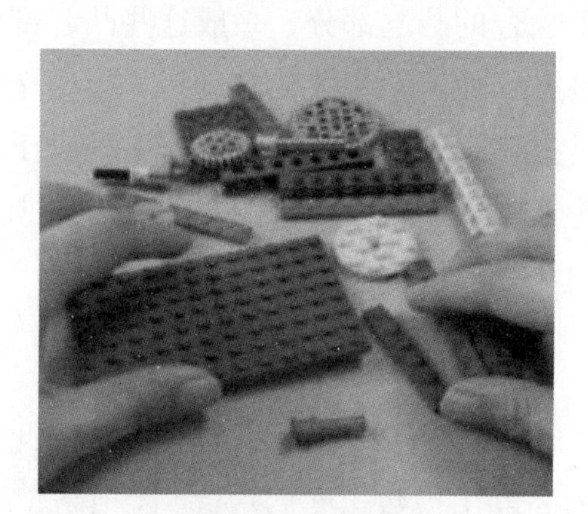

图 9-3　材料准备

图 9-4　安装红色积木

（3）如图 9-5 所示，将 2 个 1×8 蓝色通孔块安装在红色长条积木上，然后将 2 个一样长的红色积木安装在蓝色长条积木上，再选取 2 个 1×6 的蓝色通孔块安装在红色积木上。

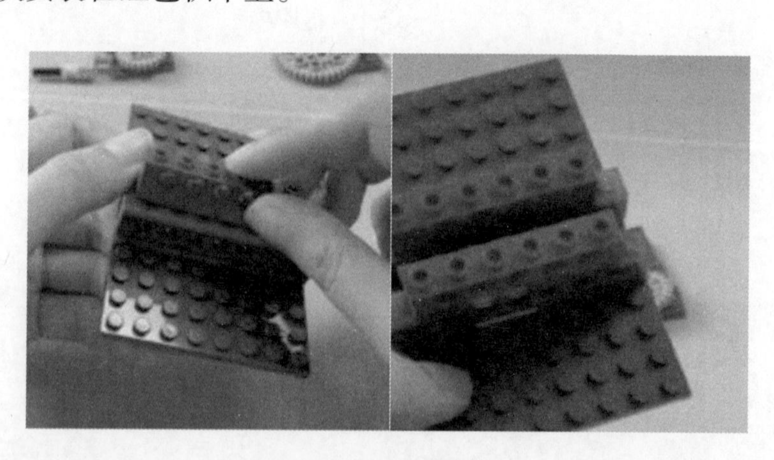

图 9-5　安装蓝色积木

（4）如图 9-6 所示，用最长的黄色通孔块插入两组积木之间，黄色通孔块要与两边通孔对齐，方便安装插销，2 个红色插销分别固定在两侧。

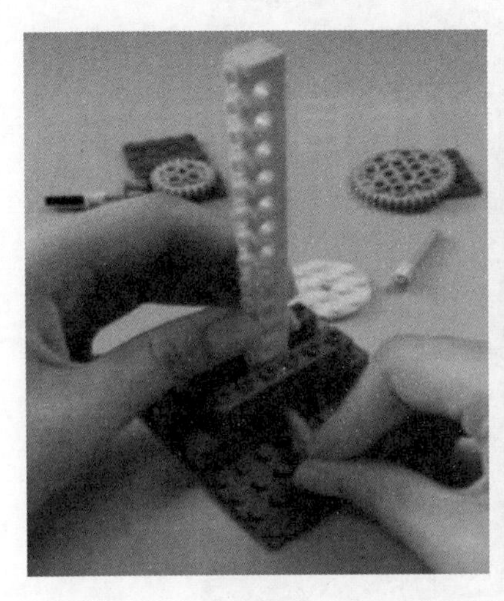
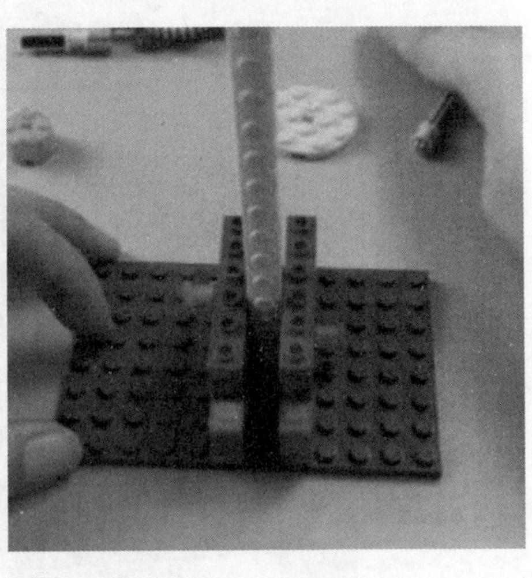

图 9-6　安装黄色积木

（5）如图 9-7 所示，将 1 个黄色插销安装在黄色通孔块从上到下第 5 个通孔上，并在一侧安装摇杆，另一侧安装齿轮。再用一个灰色插销安装在黄色通孔块从上到下第 2 个孔上，并在同一侧安装齿轮。

图 9-7　安装齿轮

（6）将 1 个黄色圆盘安装在灰色插销上，4 个 2×4 的蓝色积木块分别安装在黄色圆盘上，中间安装 1 个橙色的 2×2 圆盘。完成后的效果如图 9-8 所示。

图 9-8 完成后的效果

任务 9.3 机械 CAD 设计齿轮

齿轮可以在中望机械 CAD 软件中进行演示、修改、制作，只要输入各种齿轮参数，一个符合要求的齿轮就设计成功，也可出具设计图纸进行生产。下面具体介绍设计方法。

打开中望 3D 软件，进入页面后，如图 9-9 所示，单击“新建”按钮，弹出“新建文件”对话框，单击“零件”和“标准”按钮，单击“确认”按钮。

单击“文件浏览器”按钮，如图 9-10 所示，在右侧工具栏中找到并单击“重用库”按钮，依次打开“ZW3D Standard Parts”“GB”“齿轮”“直齿轮”文件夹，在“文件列表”中找到并双击“直齿圆柱外齿轮 -GB_T1356.Z3”文件。在弹出的“添加可重用零件”对话框中设置“模数 m”为 2mm，其余参数保持默认设置，单击“确认”按钮，就可以得到一个 2 模 34 齿的直齿轮，如图 9-11 所示。

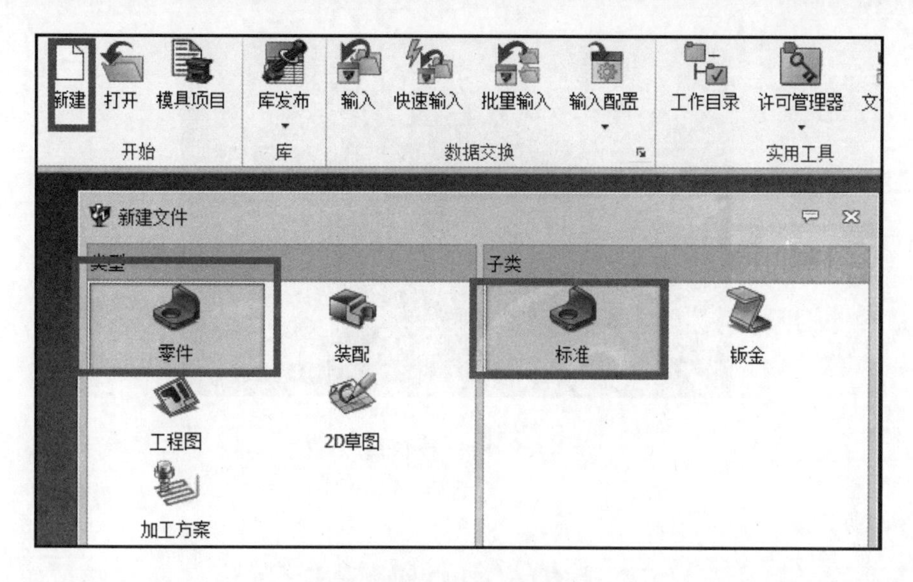

图 9-9　新建零件

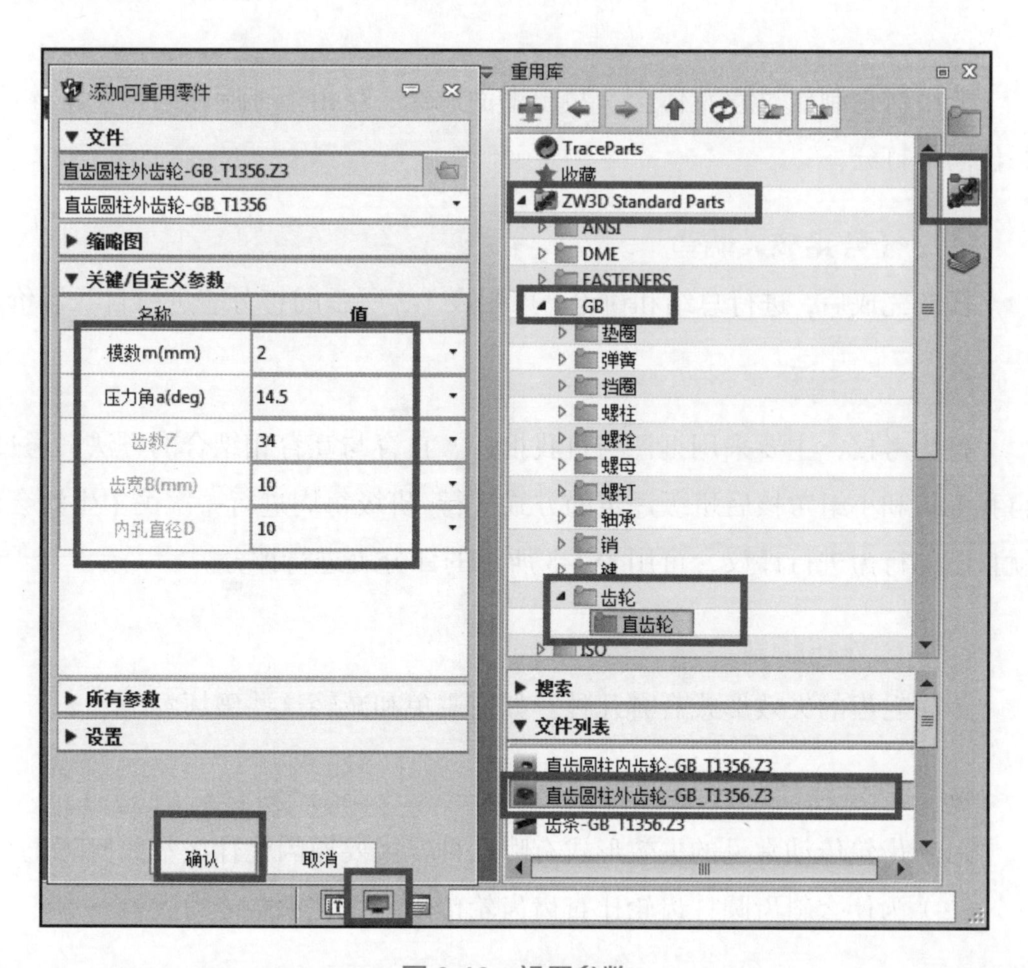

图 9-10　设置参数

图 9-11　直齿轮

任务 9.4　总结及评价

分组讨论制作过程及体会，写出书面总结；互相检查制作结果，集体给每位同学打分。

1. 任务完成大调查

任务完成后，进行总结和讨论，可用表 1-2 所示的打分表进行自我评价。

2. 行为考核

行为考核，主要采用批评与自我批评、自育与互育相结合的方法，通过自我考核和小组考核后班级评定的方式进行。班级每周进行一次民主生活会，就自己的行为进行评议，可用表 1-3 所示的评分表进行评分。

3. 集体讨论题

齿轮轮齿的失效形式有哪几种？如何避免和减轻这些破坏？

4. 思考与练习

（1）齿轮传动常见的失效形式有哪几种？主要原因是什么？如何防止？

（2）为什么斜齿圆柱齿轮比直齿齿轮传动平稳，承载能力大？

项目10 轮 系

在实际机械中，往往需要采用一系列相互啮合的齿轮来满足工作要求，这种由一系列齿轮组成的传动系统称为轮系。

任务 10.1 认识轮系

当轮系运转时，各个齿轮的轴线相对机架的位置都是固定的，这种轮系称为定轴轮系；至少有一个齿轮的几何轴线绕另一个齿轮的固定几何轴线转动的轮系，称为周转轮系。在轮系的具体应用中，除了广泛使用单一的定轴轮系或者单一的周转轮系外，还经常采用由定轴轮系与周转轮系或者由若干周转轮系组合在一起的轮系，这样的轮系称为复合轮系，又称混合轮系。

10.1.1 轮系的种类

（1）定轴轮系，是指轮系中各个齿轮的回转轴线的位置固定的轮系。定轴轮系分为平定轴轮系和空间定轴轮系。

（2）周转轮系，是指轮系中至少有一个齿轮的回转轴线的位置不固定，绕着其他构件旋转的轮系，如图 10-1 所示。周转轮系根据自由度目数分为差动轮系和行星轮系；根据基本构件组成分为两个中心轮系和三个中心轮系。

图 10-1 周转轮系

（3）复合轮系，如图 10-2 和图 10-3 所示，是指将定轴轮系与周转轮系组合或将几个周转轮系组合而成的轮系。

图 10-2 复合轮系

图 10-3 更复杂的复合轮系

10.1.2 轮系的参数

轮系参数很多，除了考虑齿轮和轴的技术参数，还要考虑各零部件的耦合情况。传动比是轮系比较重要的参数。

所谓轮系的传动比是指轮系中输入轴转速（或角速度）与输出转速（或角速度）之比，用 i_{ij} 表示，即

$$i_{ij}=\frac{n_i}{n_j}=\frac{\omega_i}{\omega_j}$$

如图 10-4 所示，若齿轮 1 为主动轮，齿轮 5 为最后的从动轮（与输出轴连接），则该轮系的传动比为

$$i_{15}=\frac{n_1}{n_5}$$

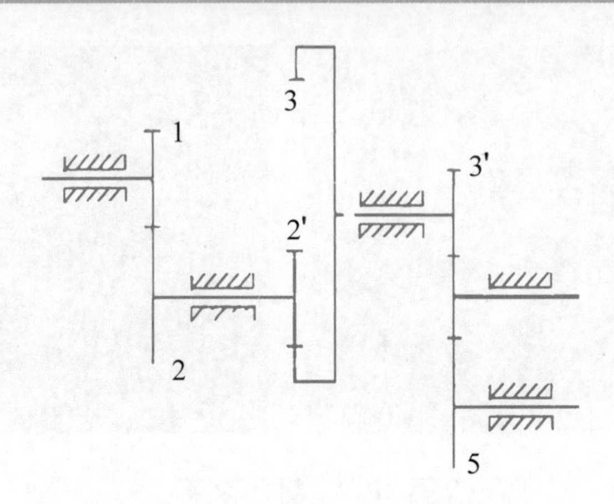

图 10-4　传动比计算示例

对于周转轮系，由于行星轮有一个系杆连接，使其既有自转又有公转，因此不能直接套用定轴轮系的传动比计算公式，因此要想办法将周转轮系计算传动比的问题转换到定轴轮系上。如图 10-5 所示，将整个轮系加上一个公共的转速 n_H（与系杆转速大小相等方向相反），则相对于机架来说，系杆固定不动，整个机构就可以看作定轴轮系，便可以用之前介绍的公式通过齿数计算传动比。

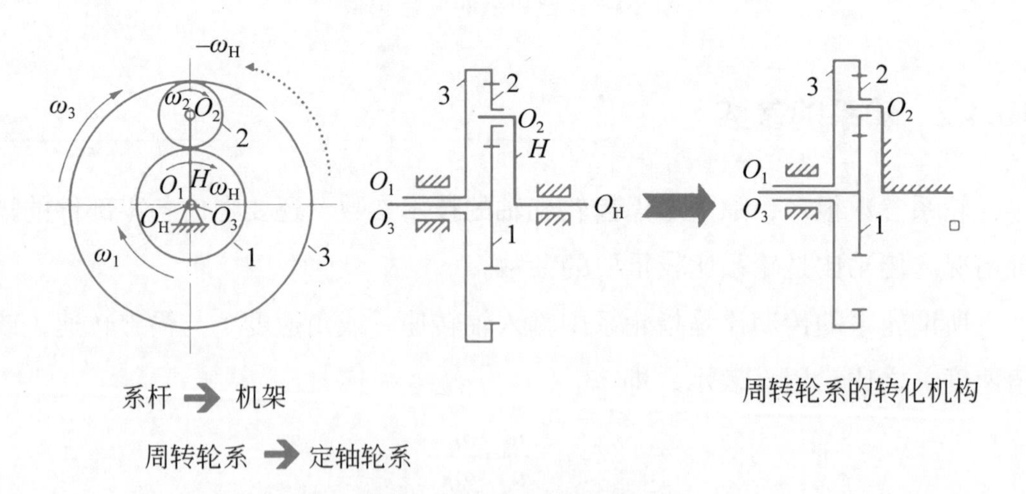

图 10-5　周转轮系的转化

以上述方法得到的定轴轮系称为对应周转轮系的转化机构，若该转化机构的传动比为正，则称其为正号机构；若传动比为负，则称其为负号机构，在动力系统中常采用负号机构。各个齿轮在转化前后的转速（或角速度）大小变化如表 10-1 所示。

表 10-1 转速大小变化

构件代号	周转轮系中各构件转速（或角速度）	转化机构中各构件转速（或角速度）
齿轮 1	n_1 (ω_1)	$n_1^H=n_1-n_H$ ($\omega_1^H=\omega_1-\omega_H$)
齿轮 2	n_2 (ω_2)	$n_2^H=n_2-n_H$ ($\omega_2^H=\omega_2-\omega_H$)
齿轮 3	n_3 (ω_3)	$n_3^H=n_3-n_H$ ($\omega_3^H=\omega_3-\omega_H$)
行星架（系杆）H	n_H (ω_H)	$n_H^H=n_H-n_H$ ($\omega_H^H=\omega_H-\omega_H$)

在计算周转轮系的传动比时，要时刻注意正负号，包括由齿数计算传动比的公式的正负,由转速（或角速度）计算传动比的公式中转速（或角速度）的正负，如果公式中存在两个齿轮的转动方向相反，那么代入公式求解时，必须一个为正，另一个为负，这样计算出来的结果才是正确的。

10.1.3 轮系的应用

轮系是一种重要的机械设备，如图 10-6 所示，可以将动力从一处传送到另一处,是实现许多机械装置运行的强大助力,具有材料种类多、尺寸可调、装配简单、重量轻、抗磨损性能好、使用寿命长、可靠性强等特点。轮系在车辆、风能发电机及船舶等机械设备中有广泛应用，它可以将动力转换为机械负荷，并传递动力，实现装备运行。在农业机械和汽车动力系统中，轮系可以调整转速，提高机械效率；在运输机械中，轮系可以将动力从发动机传送到车轮，实现汽车行驶。

轮系中用来进行齿轮传动的齿轮齿条的啮合角、齿条几何形状、材料、表面粗糙度、润滑方式等因素决定了轮系的性能。齿轮齿条以齿廓弧线的形式啮合，能够有效地减小齿轮噪声，减少摩擦和机械部件的磨损，提高传动效率。此外，轮系中的齿轮齿条也可以分离，从而满足不同的应用需求。

轮系的另一个特性是良好的抗冲击性能，因为采用了柔性连接，可以减轻机械传动系统内部的冲击并有效地缓冲振动。在轮系中，齿轮毂和驱动轴通常采用弹性零件连接，不仅可以使机械传动系统更加稳定，而且可以在发动机转子操作时减少由径向和轴向冲击造成的机械损伤。

总的来说，轮系的特点是结构简单、尺寸可调、重量轻、抗磨损性能好、使用寿命长、可靠性强，并具有良好的抗冲击性能。它的结构简单，不仅安装调试简便，而且连接齿轮和轴承的游隙也大幅减小，从而减少机械损伤。

图 10-6　轮系的应用

任务 10.2　轮系趣味玩具制作

轮系可以应用在很多方面，为了更好地了解轮系相关知识，可以自己动手做一个轮系玩具，研究和思考一下轮系的基本规律。

（1）材料准备，所需材料如图 10-7 所示。

图 10-7　材料准备

（2）将青蓝色齿轮放入中间柱子，剩余黄色齿轮分别放入周围柱子，如图 10-8 所示。

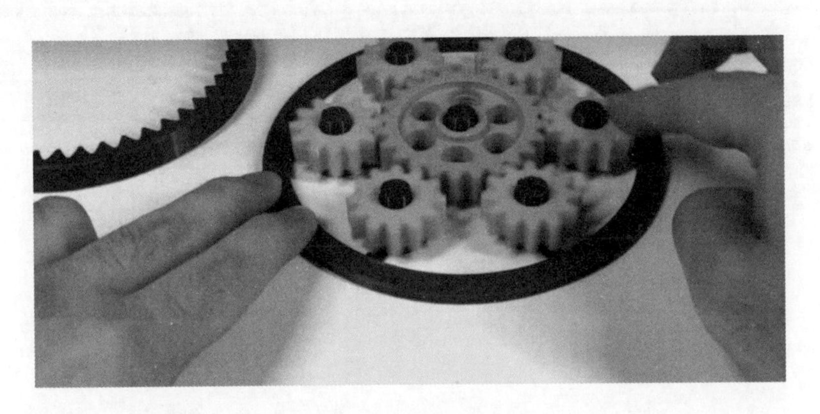

图 10-8 安装齿轮

将紫色齿轮套在外侧，轮系就完成了，如图 10-9 所示。

图 10-9 最终效果

任务 10.3 机械 CAD 绘制轮系组装图

轮系可以在中望机械 CAD 软件中进行组装演示、修改，只要输入各种约束参数，一个符合要求的轮系就设计成功，也可出具设计图纸进行生产。下面具体介绍设计方法。

首先打开中望 3D 软件，进入如图 10-10 所示页面，单击“打开”按钮，在弹出的“打开”对话框中选择“轮系半成品”文件，单击“打开”按钮。

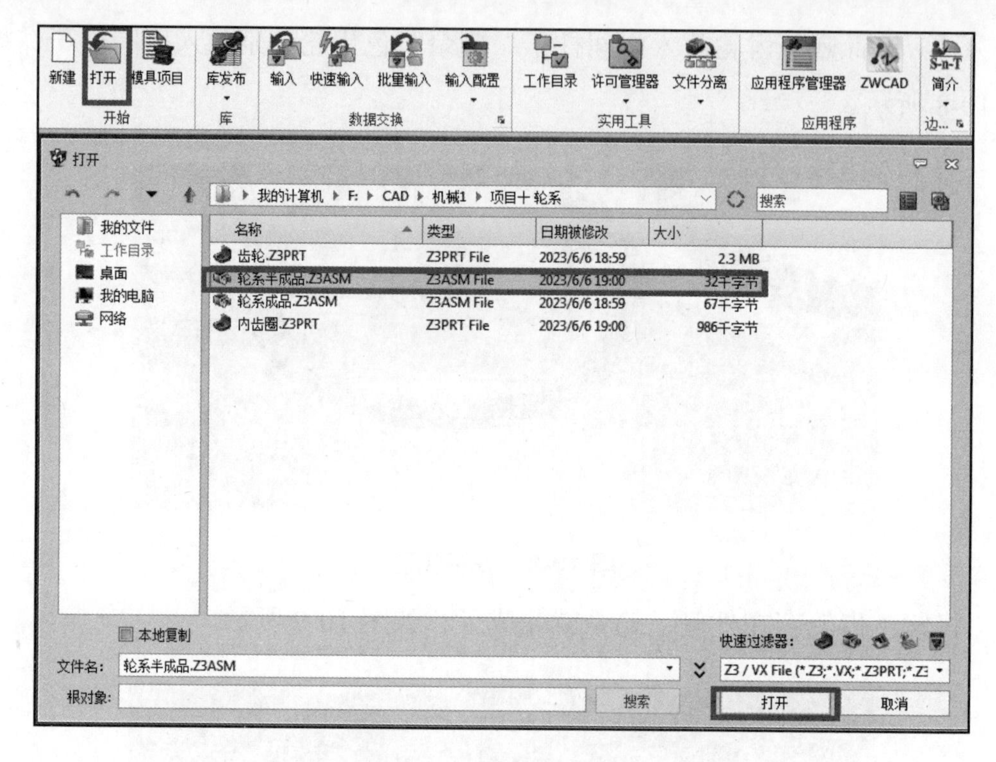

图 10-10　打开轮系文件

如图 10-11 所示，在“装配”栏中单击“约束”按钮，设置“实体 1”为 #46237@ 内齿圈 _1，“实体 2”为 #183537@ 齿轮 _1，“约束”条件选择“重合”，单击“确认”按钮。

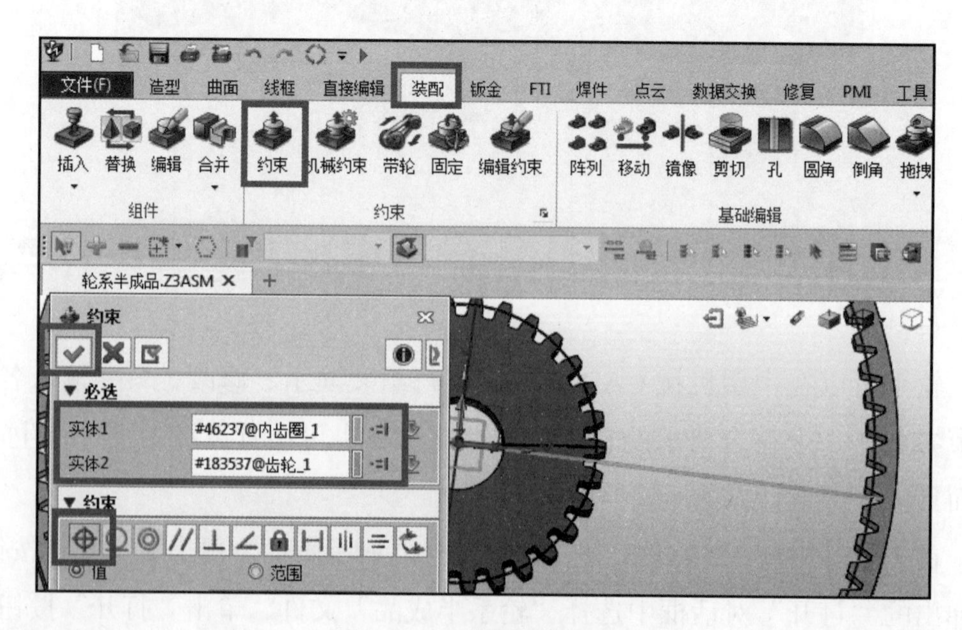

图 10-11　“重合”约束

拖动“齿轮”到“内齿圈”内，如图 10-12 所示。

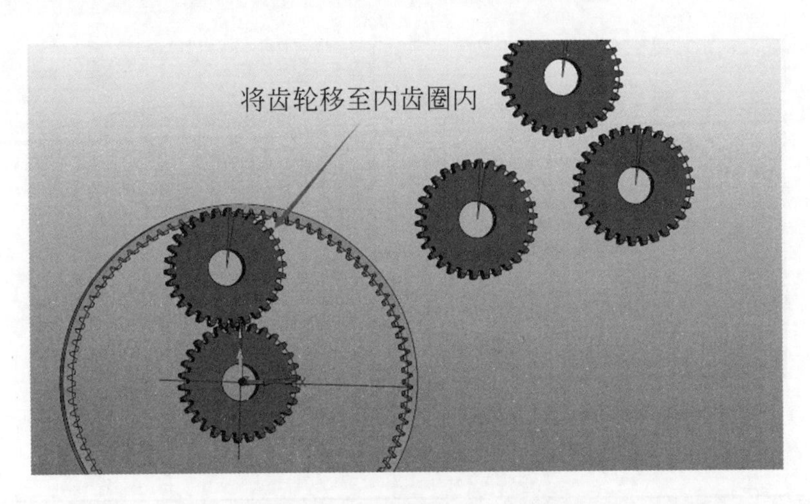

图 10-12 将齿轮拖入内齿圈

在“装配”栏中单击“约束”按钮，如图 10-13 所示，设置“实体1”为“#46272@ 内齿圈 _1”，“实体 2”为“#183537@ 齿轮 _3”，“约束”条件选择“重合”，单击“确认”按钮需要注意两个齿轮啮合，齿要对准凹槽。

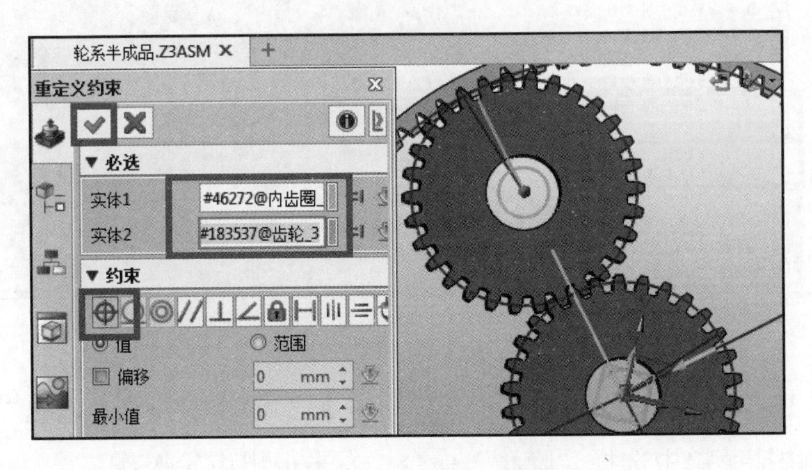

图 10-13 “重合“约束

在“装配”栏中单击“约束”按钮，如图 10-14 所示，设置“实体 1”为“#46630@ 内齿圈 _1”,“实体 2”为“#183368@ 齿轮 _3”,“约束”条件选择“相切”按钮，单击“确认”按钮（内齿圈的分度圆与齿轮的分度圆相切）。

重复上述操作，将其他齿轮拖入并完成重合约束和相切约束，如

图 10-15 所示。

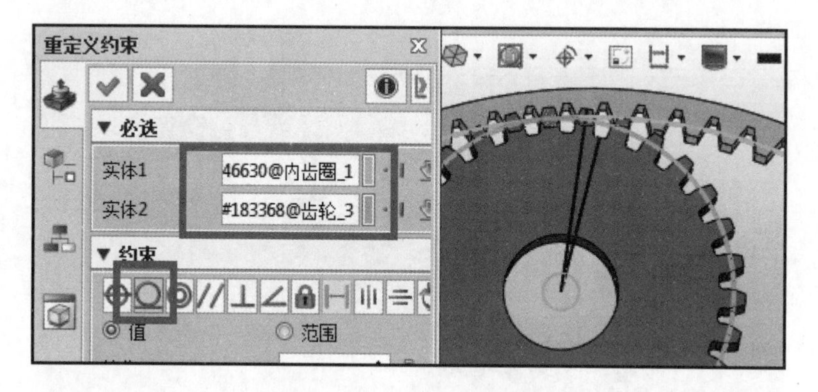

图 10-14 “相切”约束

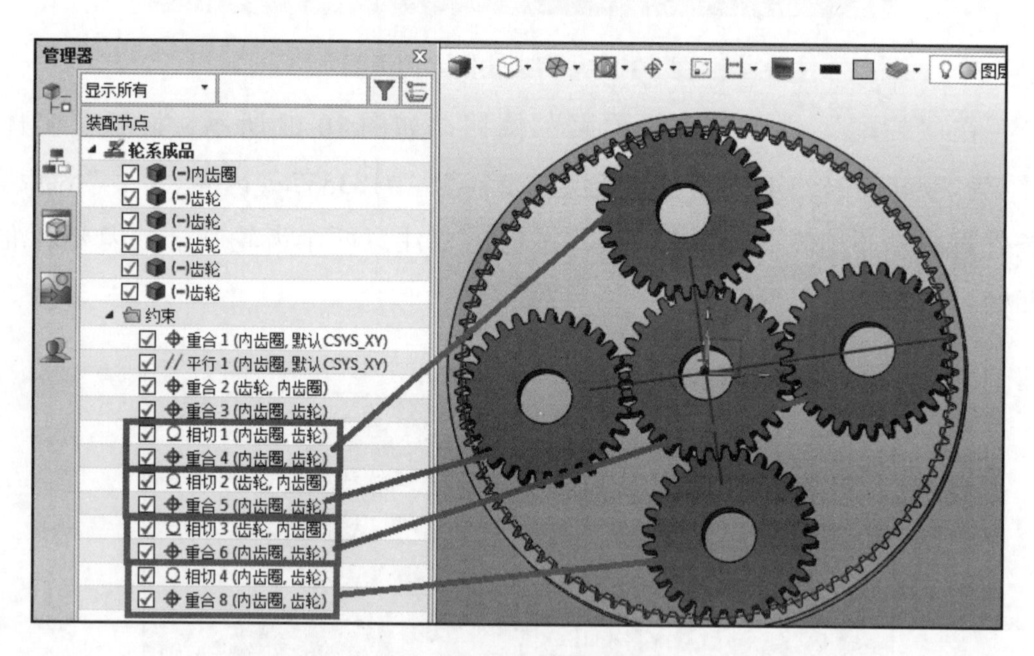

图 10-15 设置约束

如图 10-16 所示，双击任意“齿轮”，在左侧管理器中找到并右击“草图 2”，在弹出的快捷菜单中选择“隐藏”命令，右击退出齿轮操作。

同样的操作，双击“内齿圈”，在左侧管理器找到并右击“草图 1”，在弹出快捷菜单中选择“隐藏”命令，再退出齿轮操作，如图 10-17 所示。

这样一个轮系就完成了，如图 10-18 所示。

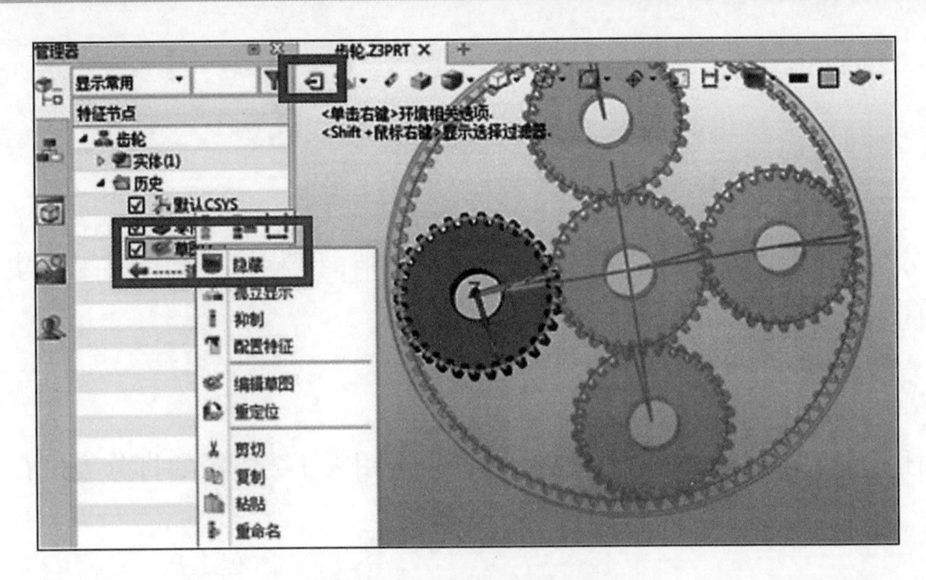

图 10-16　隐藏齿轮草图 2

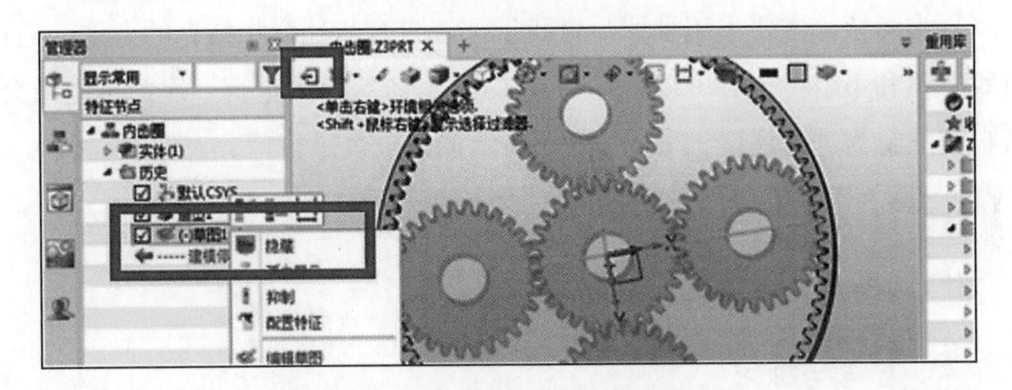

图 10-17　隐藏内齿圈草图 1

图 10-18　最终效果

任务 10.4　总结及评价

分组讨论制作过程及体会，写出书面总结；互相检查制作结果，集体给每位同学打分。

1. 任务完成大调查

任务完成后，还要进行总结和讨论，可用表 1-2 所示的打分表进行自我评价。

2. 行为考核

行为考核，主要采用批评与自我批评、自育与互育相结合的方法，通过自我考核和小组考核后班级评定的方式进行。班级每周进行一次民主生活会，就自己的行为进行评议，可用表 1-3 所示的评分表进行评分。

3. 集体讨论题

什么是定轴轮系和周转轮系？

4. 思考与练习

（1）行星轮系和差动轮系的主要区别有哪些？

（2）轮系的主要功能有哪些？

项目 11 齿轮传动

传动方法是将动力源的运动和动力传递给机器工作部分的方法，可以配置能量、改变运动速度和运动形式。在各种传动形式中，齿轮传动在现代机械中应用最为广泛，如图 11-1 所示。

图 11-1 齿轮传动

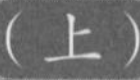

任务 11.1　认识齿轮传动

齿轮传动是指由齿轮副传递运动和动力的装置，是现代各种设备中应用最广泛的一种机械传动方式。

11.1.1　齿轮传动的特点

齿轮传动具有传动比准确，可用的传动比、圆周速度和传递功率的范围大，传动效率高，使用寿命长，结构紧凑，工作可靠等一系列优点。因此，齿轮传动是各种机器中应用最广的机械传动形式之一；齿轮是机械工业中重要的基础件。

（1）传动精度高。带传动不能保证准确的传动比，链传动也不能实现恒定的瞬时传动比，现代常用的渐开线齿轮的传动比，在理论上是准确、恒定不变的。这不但是精密机械与仪器的关键要求，也是高速重载下减轻动载荷、实现平稳传动的重要条件。

（2）适用范围宽。齿轮传动传递的功率范围极大，0.001 W~60 000 kW；圆周速度可以很低，也可高达 150 m/s，带传动、链传动均难以比拟。

（3）可以实现平行轴、相交轴、交错轴等空间任意两轴间的传动，这也是带传动、链传动做不到的，如图 11-2 所示。

（4）工作可靠，使用寿命长。

（5）传动效率较高，一般为 0.94~0.99。

（6）制造和安装要求较高，因而成本也较高。

（7）对环境条件要求较严，除少数低速、低精度的情况外，一般需要安置在箱罩中防尘防垢，还需要保持润滑。

（8）不适用于相距较远的两轴间的传动。

（9）减振性和抗冲击性不如带传动等柔性传动好。

图 11-2 各种齿轮传动

11.1.2 齿轮传动的分类及应用

齿轮传动在使用上也受某些条件的限制，例如，制造工艺较复杂，成本较高，特别是高精度齿轮；是一种轮齿啮合传动，无过载自保护功能（同带传动比较）；中心距通常不能调整，并且可用的范围小（同带传动、链传动比较）；单纯的齿轮传动无法组成无级变速传动（同带传动、摩擦传动比较）；使用和维护的要求高。齿轮传动虽然存在这些局限性，但只要选用适当，考虑周到，齿轮传动仍然是一种最可靠、最经济、用得最多的传动形式。

1. 圆柱齿轮传动

（1）特点：传动运动准确可靠，传递速度范围大且功率适应性强；使用效率较高，寿命长，结构紧凑；能在空间任意配置的两轴之间传递运动和动力；不能无级变速，两轴之间的距离也不能过大；有振动和噪声，且加工成本高。

（2）应用：钟表（见图 11-3）、汽车传动系统等。

2. 圆锥齿轮传动

（1）特点：齿轮排列在圆锥体外表上，由大端向小端逐渐收缩，按齿形分为直齿、斜齿和曲齿，可传递两相交轴的运动和动力。

（2）应用：汽车后桥齿轮箱、液力传动内燃机车、风扇轴、车轴齿轮箱、牛头刨床工作台及进给机构等。圆锥齿轮传动如图 11-4 所示。

图 11-3　钟表的齿轮传动

图 11-4　圆锥齿轮传动

3. 蜗杆传动

（1）特点：传动平稳，运动精度高，噪声和振动较小；减速传动比大；效率较低，故不宜传递较大功率，也不宜长期工作，需用钢材加工，如图 11-5 所示。

（2）应用：机床、矿山机械、起重机械、船舶及仪表等。

图 11-5　蜗杆传动

4. 螺旋传动

（1）特点：具有良好的减少性能，对主动件施加较小的扭矩，便可获得较大的动力，机械效率高，传动均匀、平稳、准确，且有自锁性能。

（2）应用：常用在螺旋压力机、起重机等机械，以及机床刀架传动工作台的进给机构及调整机构中。

任务 11.2　齿轮传动趣味玩具制作

齿轮传动应用在很多方面，为了更好地了解齿轮转动相关知识，可以自己动手做一个齿轮传动玩具，研究和思考齿轮转动的基本规律。

（1）准备所有材料，如图 11-6 所示。

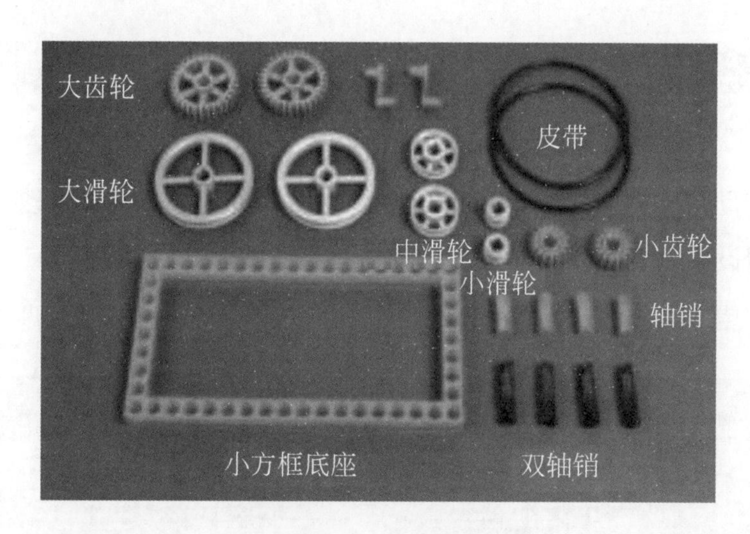

图 11-6　准备材料

（2）将大齿轮、小齿轮、滑轮依次装在底座上，如图 11-7 和图 11-8 所示。

图 11-7　安装齿轮

图 11-8　安装滑轮

（3）如图 11-9 所示，把 2 个皮带安装在齿轮上，装好把手。旋转把手，完成成品如图 11-10 所示。

图 11-9　安装皮带

图 11-10　完成成品

任务 11.3　机械 CAD 绘制齿轮传动组装图

齿轮传动可以在中望机械 CAD 软件中进行组装演示、修改、设计，下面具体介绍设计方法。

打开中望 3D 软件，新建一个装配图，进入页面，如图 11-11 所示，单击

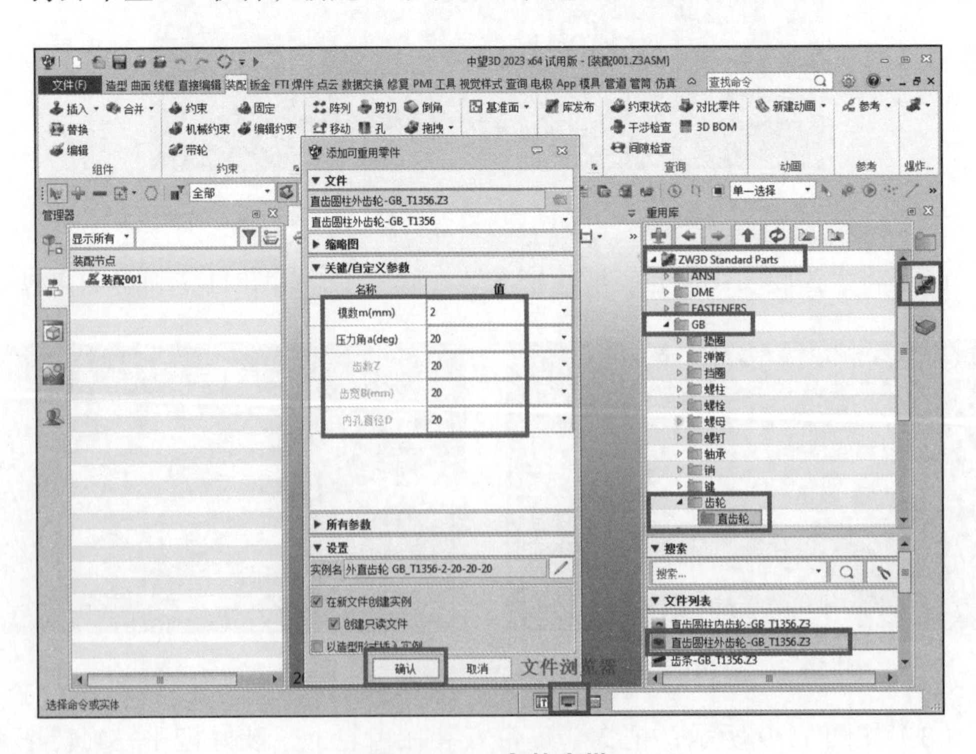

图 11-11　安装皮带

“文件浏览器”按钮，随后在右侧工具栏中找到并单击“重用库”按钮，依次打开“ZW3D Standard Parts”“GB”“齿轮”“直齿轮”文件夹，然后在“文件列表”中找到并双击“直齿圆柱外齿轮 GB_T1356.Z3”文件，设置好“关键 / 自定义参数”，单击“确认”按钮。

如图 11-12 所示，在“插入”对话框中将“类型”设置为“多点”，“位置”设置为“0，0，0”，单击“应用”按钮，完成齿轮 1 的放置。

单击“面 / 基准”，在绘图区单击“XY 基准面”，在“插入”对话框中，如图 11-13 所示将“位置”设置为“0，40，0”，单击“确认”按钮。

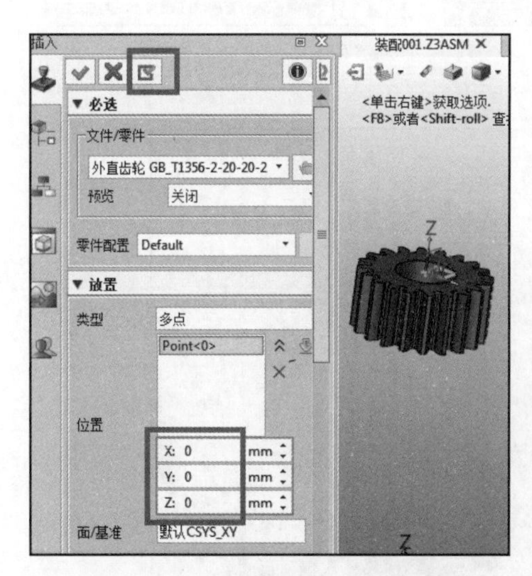

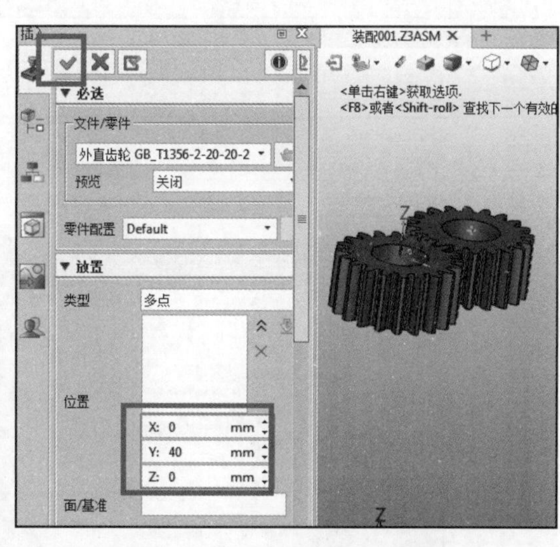

图 11-12　插入第一个齿轮　　图 11-13　插入第二个齿轮

在“线框”栏中单击“点”按钮，在两个齿轮的中心处点四个点。在“装配”栏中，单击“约束”按钮，依次对四个点面，共 8 个约束命令进行设置，如图 11-14 所示。

双击“齿轮”，进入齿轮编辑状态，如图 11-15 所示，选中 Sketch5 右击，在弹出的快捷菜单中选择“显示”命令，将两个齿轮的啮合线显示出来。

此时两个齿轮的啮合线在同一面，在“装配”栏中单击“约束”按钮，在弹出的“约束”对话框中，将“实体 1”设置为齿轮有啮合线的一面，“实体 2”设置为另一个齿轮没有啮合线的一面，单击“反转”按钮，使齿轮啮合线在上下两个平面，如图 11-16 所示。可按住鼠标左键进行图形拖动或按住鼠标右键进行反转查看。完成后每个齿轮可单独进行转动。

图 11-14　安装皮带

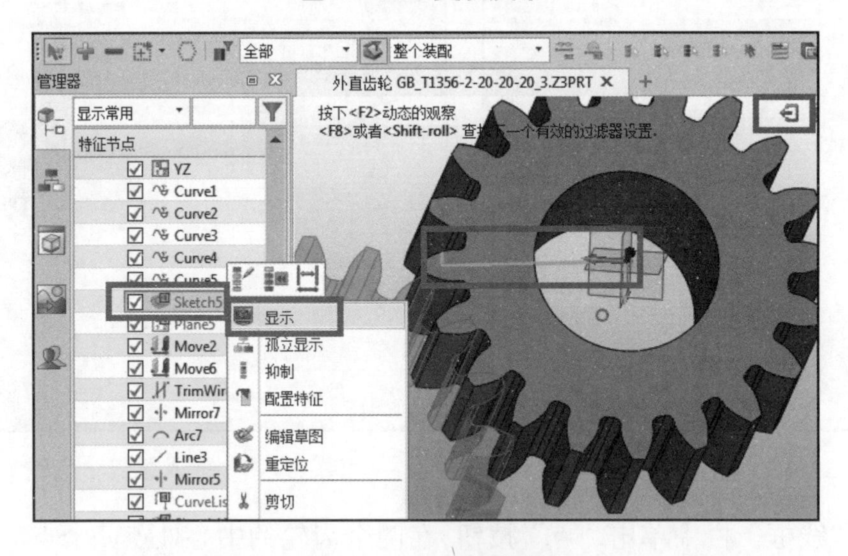

图 11-15　安装皮带

图 11-16　调整啮合线平面

将两个齿轮接触面添加相切约束，调整好位置后将该约束步骤删除，如图 11-17 所示。此步骤只为调整两齿轮的啮合位置。

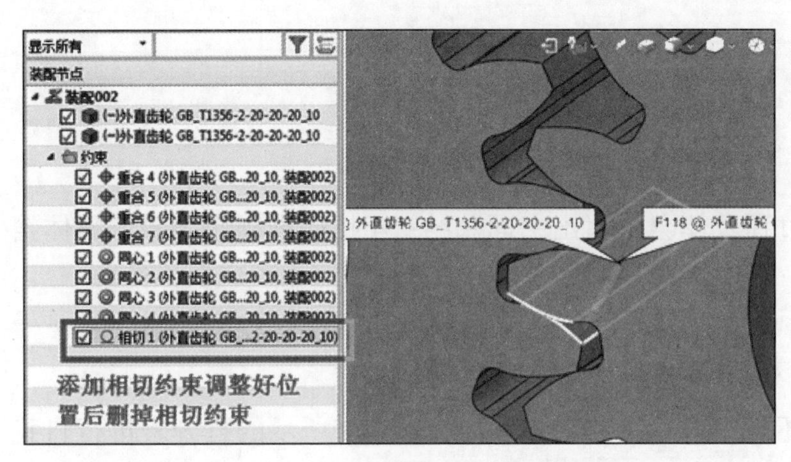

图 11-17　调整啮合位置

单击“装配”栏中的“机械约束”按钮，在弹出的“机械约束”对话框中，单击“齿轮啮合”按钮，选中“齿轮”单选按钮，按图 11-18 所示设置齿数 1 为 20，齿数 2 为 20。

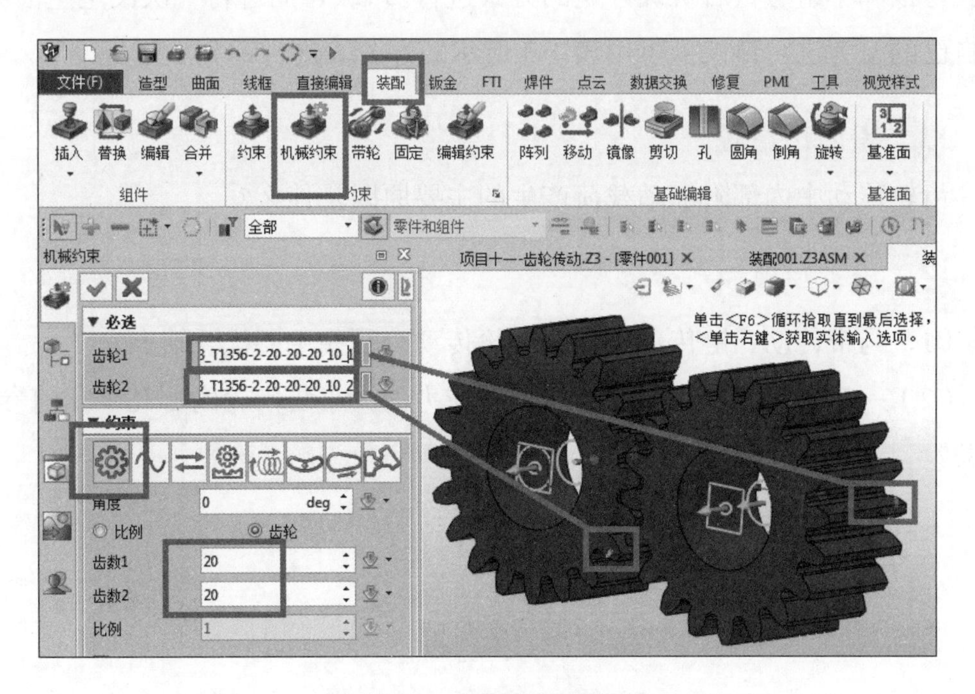

图 11-18　调整啮合线平面

在“装配”栏中选择“拖拽 / 旋转”命令中的“旋转”，在弹出设置框后任意单击某一齿轮平面，随后移动鼠标，齿轮开始作旋转啮合。

任务 11.4　总结及评价

分组讨论制作过程及体会，写出书面总结；互相检查制作结果，集体给每位同学打分。

1. 任务完成大调查

任务完成后，还要进行总结和讨论，可用表 1-2 所示的打分表进行自我评价。

2. 行为考核

行为考核，主要采用批评与自我批评、自育与互育相结合的方法，通过自我考核和小组考核后班级评定的方式进行。班级每周进行一次民主生活会，就自己的行为进行评议，可用表 1-3 所示的评分表进行评分。

3. 集体讨论题

齿轮传动中内部附加动载荷产生的主要原因是什么？

4. 思考与练习

（1）与带传动、链传动比较，齿轮传动有哪些主要优、缺点？

（2）一对直齿圆柱齿轮的齿面接触应力的大小与齿轮的哪几个几何参数有关？

项目 12　链　　条

链条是指用于机械传动的链子，一般由金属链环组成，常用作机械传动部件，如图 12-1 所示。

图 12-1　链条

任务 12.1 认识链条

链条是由若干组件以铰链副形式串接起来的挠性件，非共轭啮合传动，兼具齿轮传动和带传动的特点，是重要的机械传动基础件。链条传动比准确、传递力大、效率高、寿命长、适应性强、维修方便，适用于大中心距、定速比、多轴传动，环境恶劣的开式传动，冲击振动大的传动，大载荷低速传动和润滑良好的高速传动工况。

12.1.1 链条的结构

链条一般由五个基本部件组成：内链板、销轴、滚子、套筒和外链板。如图 12-2 所示，内链板 S3，滚子 S2 和套筒 S1 组成内单节 S4，销轴 S5 和外链板 S6 组成外单节，内单节和外单节连接构成链条。

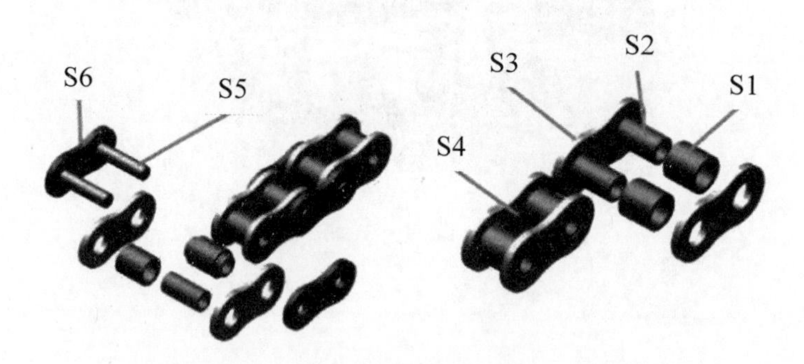

图 12-2 链条的结构

通常大节距输送链和专用特种链与普通滚子链的结构存在一些差异，如带肩销轴和带边滚子（F 型滚子）等，并且较少使用铆接销轴。这种链条又称工程链。

典型的链条组成如下。

（1）外链节：外链节由销轴和外链板过盈配合连接而成。

（2）内链节：内链节由套筒和内链板过盈配合连接而成，每个套筒的外圆上带有一个活动滚子。内链节与外链节间形成活动铰链副。

（3）连接链节：连接链节中，销轴和链板间隙配合便于装配，这种连接链节的疲劳强度比链条本身低 20%。也可以选择过盈配合的连接链节，这种链节疲劳强度与链条本身相同。

12.1.2　链条的应用

传动链条主要用于传递动力，可分为可延展性链、滚子链、齿形链。

（1）可延展性链：重负荷链条，用于煤炭拖动机构、升降机传送带，如图 12-3 所示。

（2）滚子链：广泛应用于家庭、工业和农业机械，包括输送机、绘图机、印刷机、汽车、摩托车及自行车等。如图 12-4 所示，由一系列短圆柱滚子连接在一起组成，被称为链轮的齿轮驱动，是一种简单、可靠、高效的动力传递装置。

图 12-3　传送带

图 12-4　滚子链

（3）齿形链：又称无声链，由多个链片铰接而成，铰链为滚动副或滑动副，可以形成各种宽度、挠性无限多的齿条，如图 12-5 所示。齿形链主要应用于纺织机械和无心磨床，如图 12-6 和图 12-7 所示。

（4）输送链：用于传输动力的链条，应用在一些靠链条传动的输送设备和机械，如流水线等各种自动化输送设备。

（5）牵引链：广泛应用于叉车（见图 12-8）、港口堆高机、纺织机械、停车库、钻机、登高作业平台、弯管机等。

图 12-5　齿形链

图 12-6　纺织机械

图 12-7　无心磨床

图 12-8　叉车

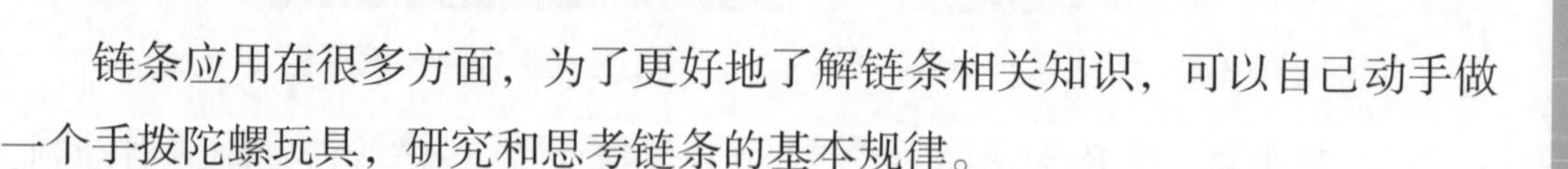

任务 12.2　链条产品制作

链条应用在很多方面，为了更好地了解链条相关知识，可以自己动手做一个手拨陀螺玩具，研究和思考链条的基本规律。

（1）准备 1 根自行车链条，如图 12-9 所示。

（2）如图 12-10 所示，将链条折叠，将 1 根轧带从中间穿过。

（3）将链条拼成环形，用钉子连接，如图 12-11 所示。

（4）将轴承卡进环内，如图 12-12 所示。

（5）拉紧轧带，将多余部分剪去，如图 12-13 所示。

（6）制作完成，最终成品如图 12-14 所示。

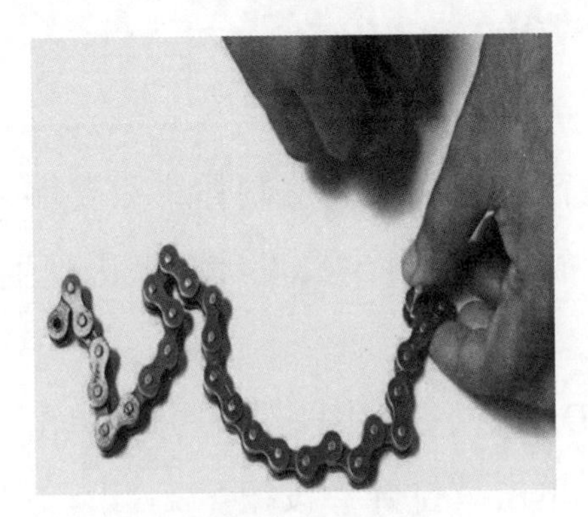

图 12-9　材料

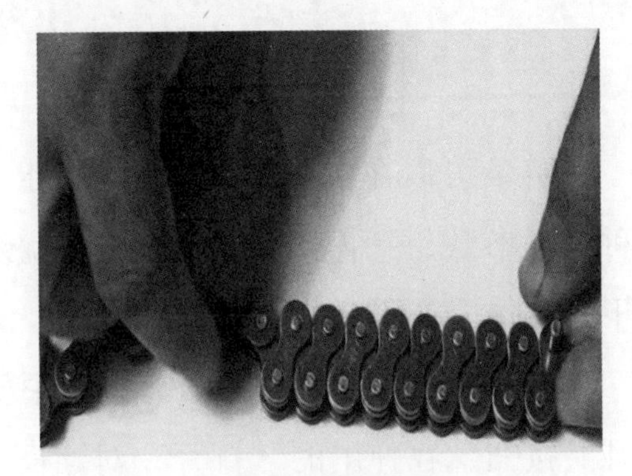

图 12-10　折叠

图 12-11　链条拼成环形

图 12-12　轴承卡进环内

图 12-13　拉紧轧带

图 12-14　最终成品

任务 12.3 机械 CAD 设计链条

链条可以在中望机械 CAD 软件中进行演示、修改、制作，只要输入各种链条参数，一个符合要求的链条就设计成功，也可出具设计图纸进行生产。下面具体介绍设计方法。

选择“链条任务”文件，打开中望 3D 软件，如图 12-15 所示，单击“打开”按钮，在弹出的“打开”对话框中，单击“打开”按钮。

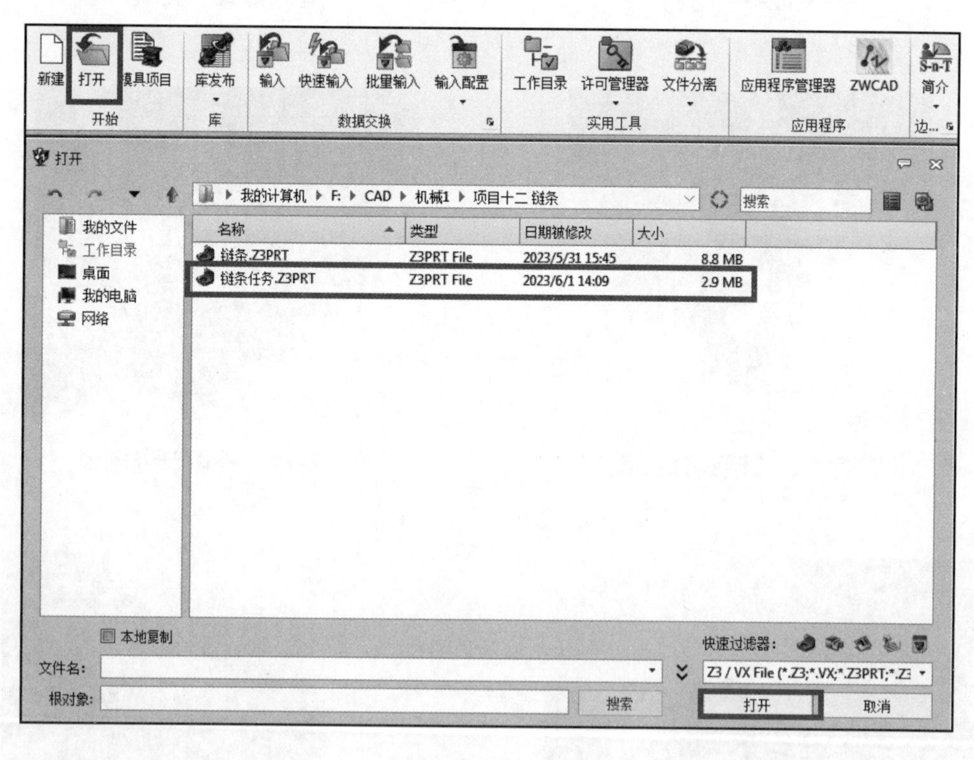

图 12-15 打开

如图 12-16 所示，在“造型”栏中单击“阵列特征”命令，在弹出的“阵列特征”对话框中，依次单击“在曲线上”“1 曲线”按钮；设置“数目”为 38，“间距”为 26 mm。

“基体”选择已经建造好的模型，“边界”选择建立好的曲线，如图 12-17 所示。

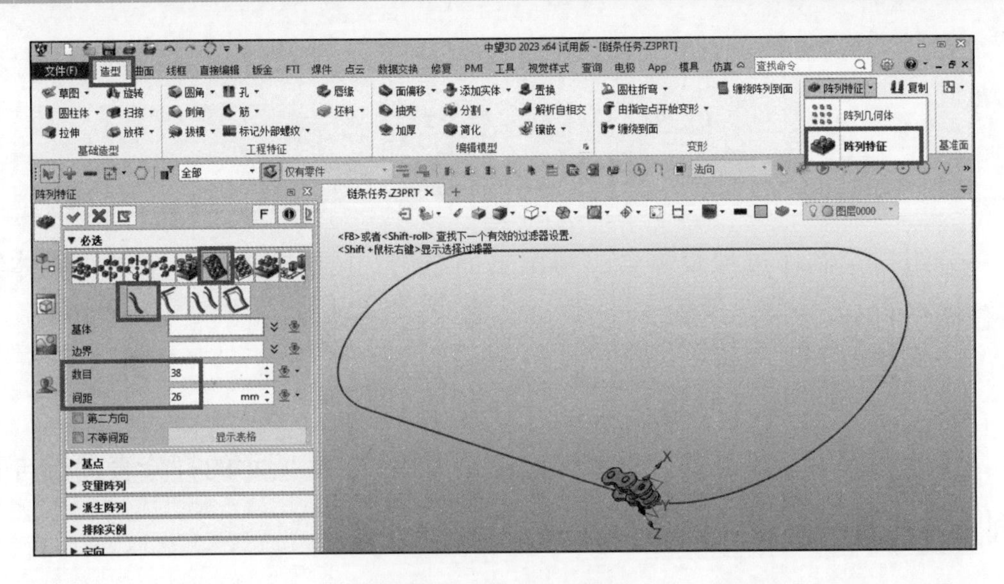

图 12-16　链条任务

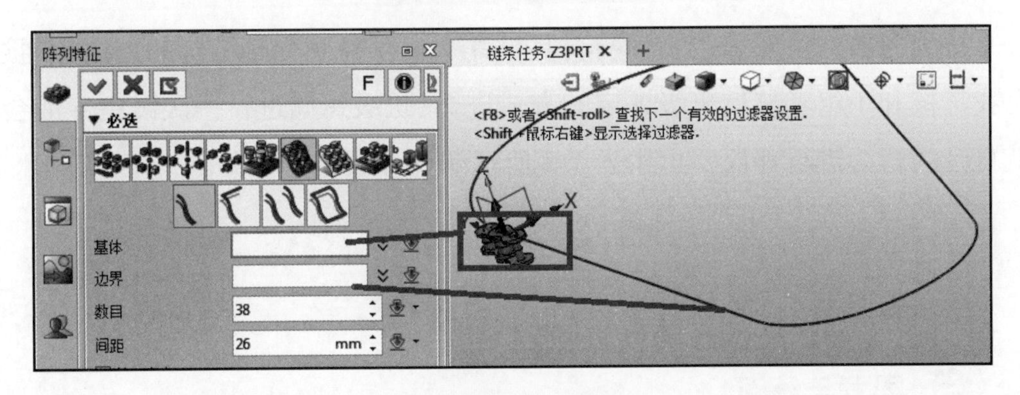

图 12-17　基体

完成后单击“确认”按钮，链条就设计完成了，如图 12-18 所示。

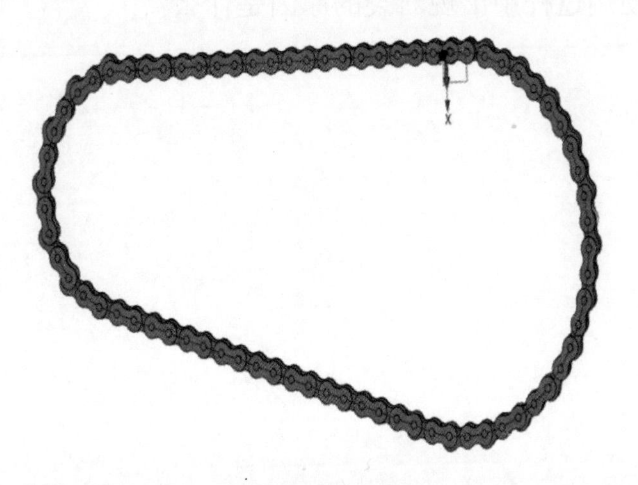

图 12-18　链条

任务 12.4　总结及评价

分组讨论制作过程及体会，写出书面总结；互相检查制作结果，集体给每位同学打分。

1. 任务完成大调查

任务完成后，还要进行总结和讨论，可用表 1-2 所示的打分表进行自我评价。

2. 行为考核

行为考核，主要采用批评与自我批评、自育与互育相结合的方法，通过自我考核和小组考核后班级评定的方式进行。班级每周进行一次民主生活会，就自己的行为进行评议，可用表 1-3 所示的评分表进行评分。

3. 集体讨论题

链条的连接方式是什么？

4. 思考与练习

（1）链条故障的前兆是什么？

（2）链条使用过程中出现断裂的原因是什么？

项目 13　链　　轮

链轮是一种带嵌齿式扣链齿的轮子，用以与节链环或缆索上节距准确的块体相啮合，如图 13-1 所示。

图 13-1　链轮

任务 13.1 认识链轮

链轮齿形必须保证链节能平稳自如地进入和退出啮合，尽量减少啮合时链节的冲击和接触应力，而且要易于加工，因此一般设计为三圆弧—直线齿形。齿形用标准刀具加工，在链轮工作图上不必绘制端面齿形，只需在图上注明“齿形按 GB/T 1243—2006 规定制造”即可，但应绘制链轮的轴面齿形，其尺寸参阅有关设计手册。

13.1.1 链轮的结构

链轮由轮齿、轮缘、轮辐和轮毂组成。如图 13-2 所示为四种链轮结构。

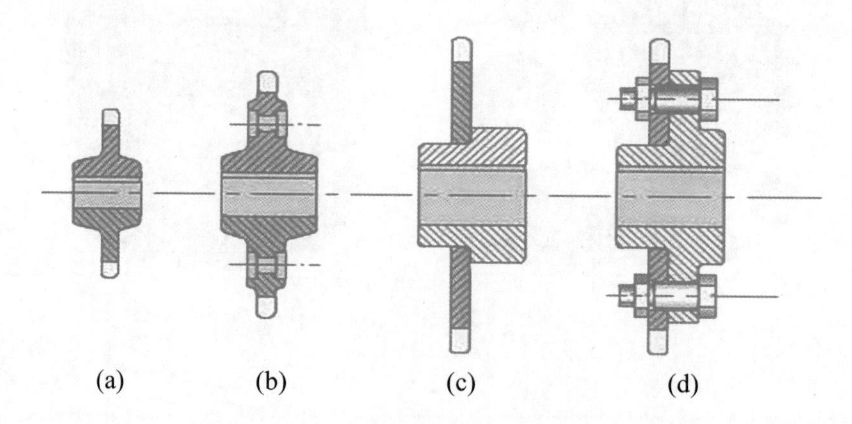

图 13-2 链轮的四种结构

（a）整体式链轮；（b）孔板式链轮；（c）焊接式链轮；（d）螺栓连接式链轮

（1）整体式链轮：这种链轮的结构最为简单，整个轮体都是由一块材料制成的。它通常用于小型或轻载的应用场景，因为它的强度相对较低，但成本低廉且结构紧凑，如图 13-2（a）所示。

（2）孔板式链轮：这种链轮在中心轮毂周围有一系列辐射状的辐条。辐板式链轮常用于中载荷的应用场合，因为它提供了额外的支撑和强度。辐条之间的距离可以通过设计来调整，以适应不同的负载分布要求，如图 13-2（b）所示。

（3）焊接式链轮：对于大型或特定应用的链轮，可能采用焊接结构。这种链轮由多个部分焊接而成，这样可以更容易地制造出大型直径或复杂形状的链轮，同时也便于维修更换损坏的部分，如图 13-2（c）所示。

（4）螺栓连接式链轮：这种链轮由两个或多个单独的部分组成，并通过螺栓或其他紧固件连接在一起。组合式链轮可以根据需要定制各个部分的大小和形状，从而实现特定的性能要求。这种结构通常用于重型或特殊用途的场景，如高负载、高速或恶劣的工作环境，如图 13-2（d）所示。

13.1.2　链轮的应用

链轮广泛应用于化工、纺织机械、自动扶梯、木材加工、立体停车库、农业机械、食品加工、仪表仪器、石油等行业的机械传动机构中，如图 13-3 所示。

图 13-3　链轮的应用

任务 13.2　链轮趣味玩具制作

链轮应用在很多方面，为了更好地了解链轮相关知识，可以自己动手做一个链轮趣味玩具，研究和思考链轮的基本规律。

（1）材料准备如图 13-4 所示。

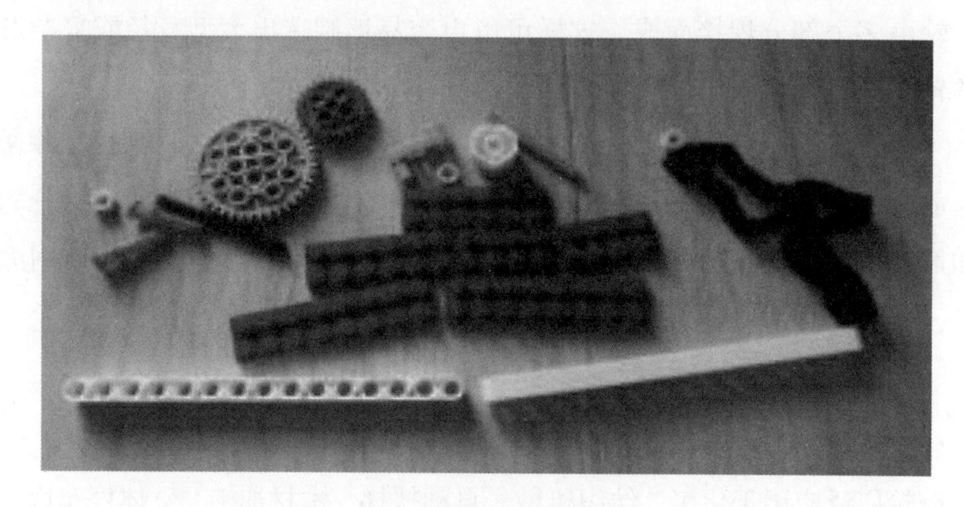

图 13-4　材料准备

（2）如图 13-5 所示组装扇叶。

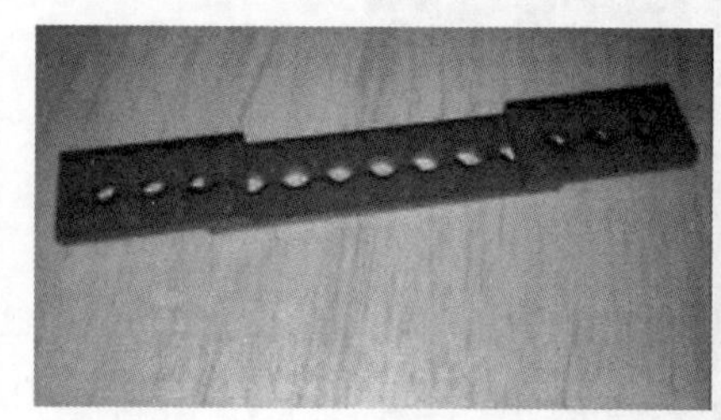

图 13-5　组装扇叶

（3）如图 13-6 所示制作握柄。

图 13-6　制作握柄

（4）如图 13-7 所示装上链轮和摇臂。

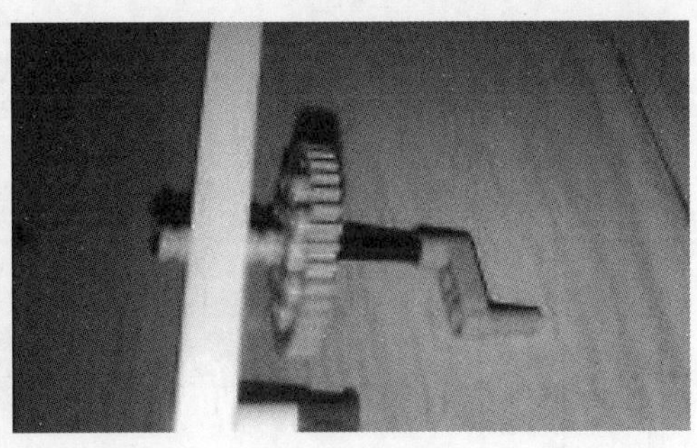

图 13-7 装链轮和摇臂

（5）装上扇叶和链条，完成制作，如图 13-8 所示。

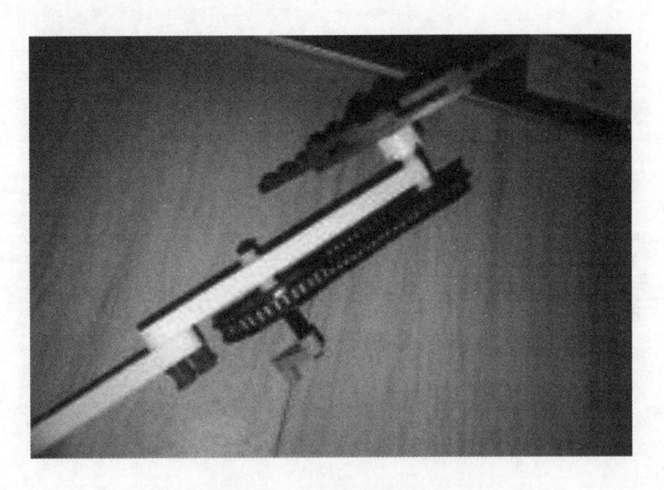

图 13-8 装扇叶和链条

任务 13.3 机械 CAD 绘制链轮组装图

链轮可以在中望机械 CAD 软件中进行组装、修改、设计，只要输入各种链轮参数，一个符合要求的链轮组装图就设计成功，也可出具设计图纸进行生产。下面具体介绍设计方法。

打开中望 3D 软件，进入页面后单击“打开”按钮，在弹出的“打开”对话框中选择“链轮半产品”文件，单击“打开”按钮，如图 13-9 所示。

如图 13-9 所示，在“造型”菜单栏中单击“阵列特征”按钮，弹出“阵列特征”对话框，在“必选”项目里单击第二个“圆形”，“方向”选择 Y 轴，

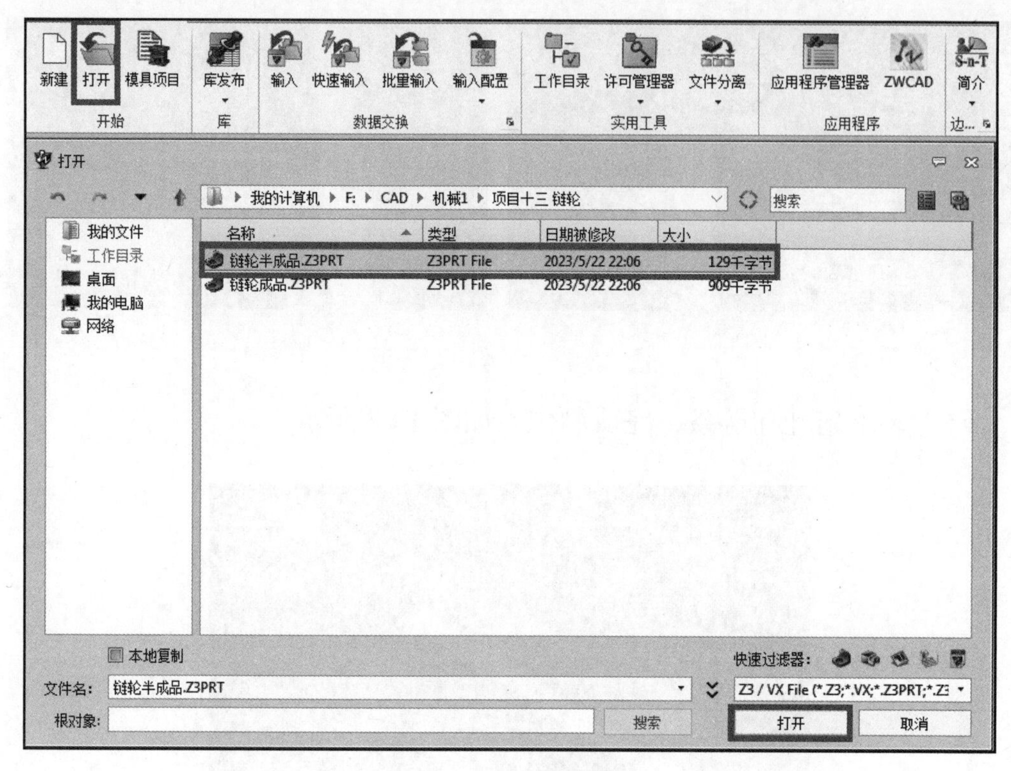

图 13-9　链轮半成品

“数目”设置为“32”，“角度”设置为“360/32”，最后单击“确定”按钮，如图 13-10 所示。

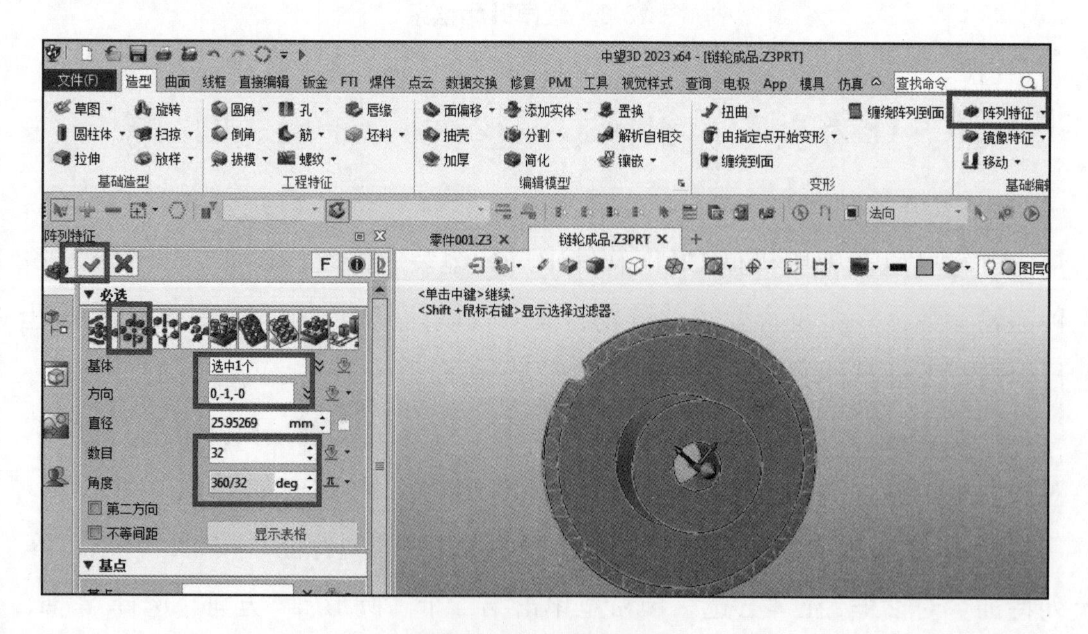

图 13-10　阵列特征

这样一个“边数”为 32 的“单排链轮”就做好了，如图 13-11 所示。

图 13-11 单排链轮

任务 13.4 总结及评价

分组讨论制作过程及体会，写出书面总结；互相检查制作结果，集体给每位同学打分。

1. 任务完成大调查

任务完成后，还要进行总结和讨论，可用表 1-2 所示的打分表进行自我评价。

2. 行为考核

行为考核，主要采用批评与自我批评、自育与互育相结合的方法，通过自我考核和小组考核后班级评定的方式进行。班级每周进行一次民主生活会，就自己的行为进行评议，可用表 1-3 所示的评分表进行评分。

3. 集体讨论题

链轮齿数为什么是奇数？

4. 思考与练习

（1）导致链轮出现磨损的原因有哪些？

（2）链轮在安装时需要特别注意哪些问题？

项目 14　链　传　动

链传动是通过链条将具有特殊齿形的主动链轮的运动和动力传递到具有特殊齿形的从动链轮的一种传动方式，如图 14-1 所示。

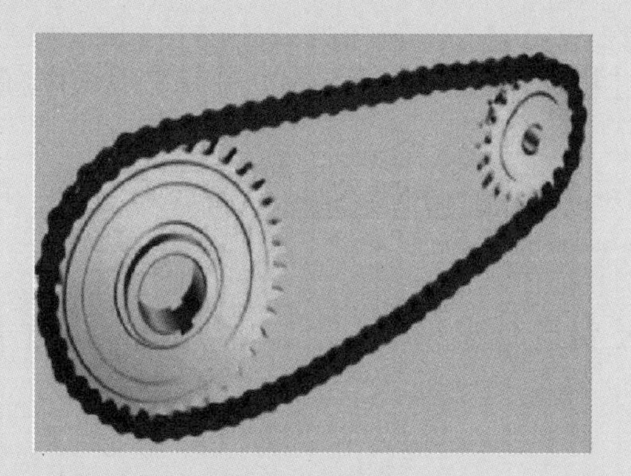

14-1　链传动

任务 14.1 认识链传动

链传动是利用链与链轮轮齿的啮合来传递动力和运动的机械传动。

14.1.1 链传动的应用

链传动在生活中的应用：自行车、自动人行道、汽车发动机里的传动齿轮、旧式手表中的传动齿轮、摩托车的踏板和跨骑等，如图 14-2 所示。

图 14-2 自行车的链传动

例如，链传动将摩托车发动机输出的动力传递给后车轮，保证摩托车快速行驶；叉车通过链传动，将发动机的动力传递给前叉，使前叉能够上下移动，从而提升重物；汽车发动机前方的链主要由曲轴链轮带动凸轮轴、平衡轴及机油泵等部件工作。

14.1.2 链传动的特点

与带传动相比，链传动没有弹性滑动和打滑，能保持准确的平均传动比；需要的张紧力小，作用于轴的压力也小，可减少轴承的摩擦损失；结构紧凑；能在高温、潮湿、多尘、有污染等恶劣环境条件下工作。

与齿轮传动相比，链传动的制造和安装精度要求较低；中心距较大时其传动结构简单。但是瞬时链速和瞬时传动比不是常数，因此传动平稳性较差，工作中有一定的冲击和噪声。

链传动平均传动比准确，传动效率高，轴间距离适应范围较大，能在温度较高、湿度较大的环境中使用；但链传动一般只能用作平行轴间传动，且其瞬时传动比波动，传动噪声较大。由于链节是刚性的，因而存在多边形效应（即运动不均匀性），这种运动特性使链传动的瞬时传动比变化并引起附加动载荷和振动，在选用链传动参数时须加以考虑。链传动如图 14-3 所示。

图 14-3　链传动

任务 14.2　链传动趣味玩具制作

链传动应用在很多方面，为了更好地了解链传动相关知识，可以自己动手做一个链传动趣味玩具，研究和思考链传动的基本规律。

如图 14-4 所示，将 3 个木棍粘起来，作为自行车的支架。如图 14-5 所示，把另外的支架粘在三角架上。

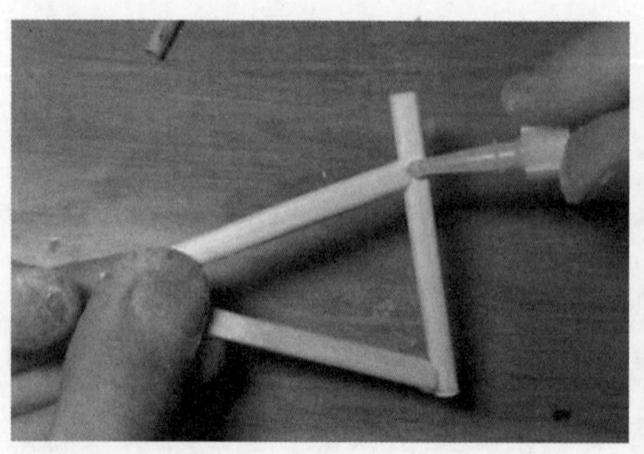

图 14-4　粘三角支架

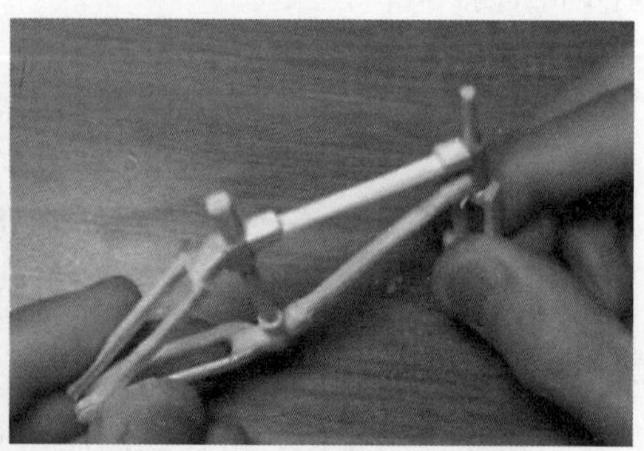

图 14-5　粘上其他支架

如图 14-6 所示，把小木棍粘成圆环。做 2 个圆环并在中间粘上轮毂，如图 14-7 所示。

图 14-6 圆环

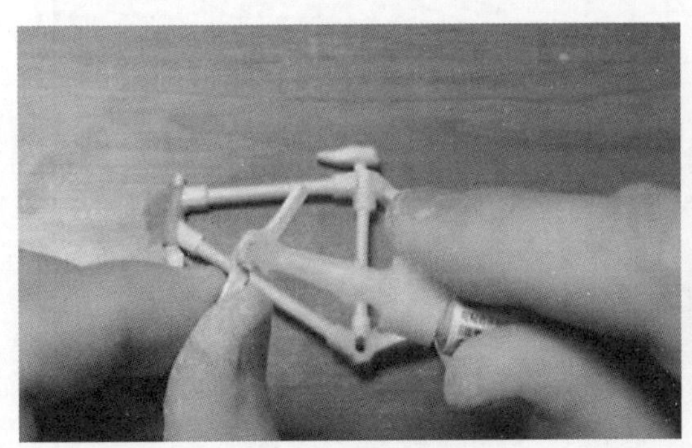

图 14-7 轮毂

安装上自行车把手，如图 14-8 所示。再把 2 个轮子安装上去，如图 14-9 所示。

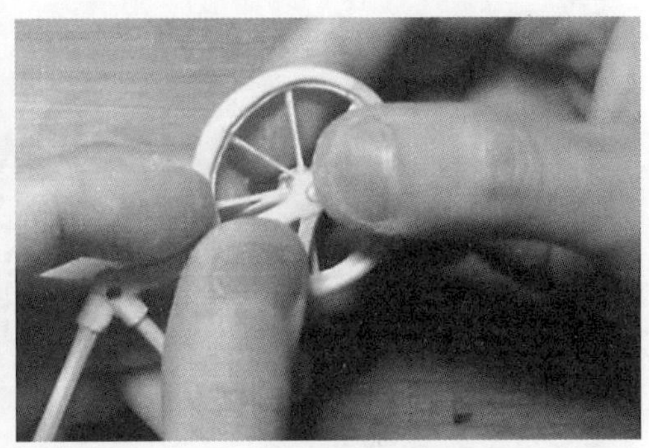

图 14-8 安装车把手

图 14-9 安装车轮

安装上链条，如图 14-10 所示。完成成品，如图 14-11 所示。

图 14-10 安装链条

图 14-11 成品

任务 14.3　机械 CAD 绘制组装图

链传动可以在中望机械 CAD 软件中进行组装、修改、设计，只要输入各种链传动参数，一个符合要求的链传动就设计成功，也可出具设计图纸进行生产。下面具体介绍设计方法。

首先打开中望 3D 软件，进入页面，如图 14-12 所示，单击“打开”按钮，在弹出的“打开”对话框中选择“链轮传动半成品”文件，单击“打开”按钮。

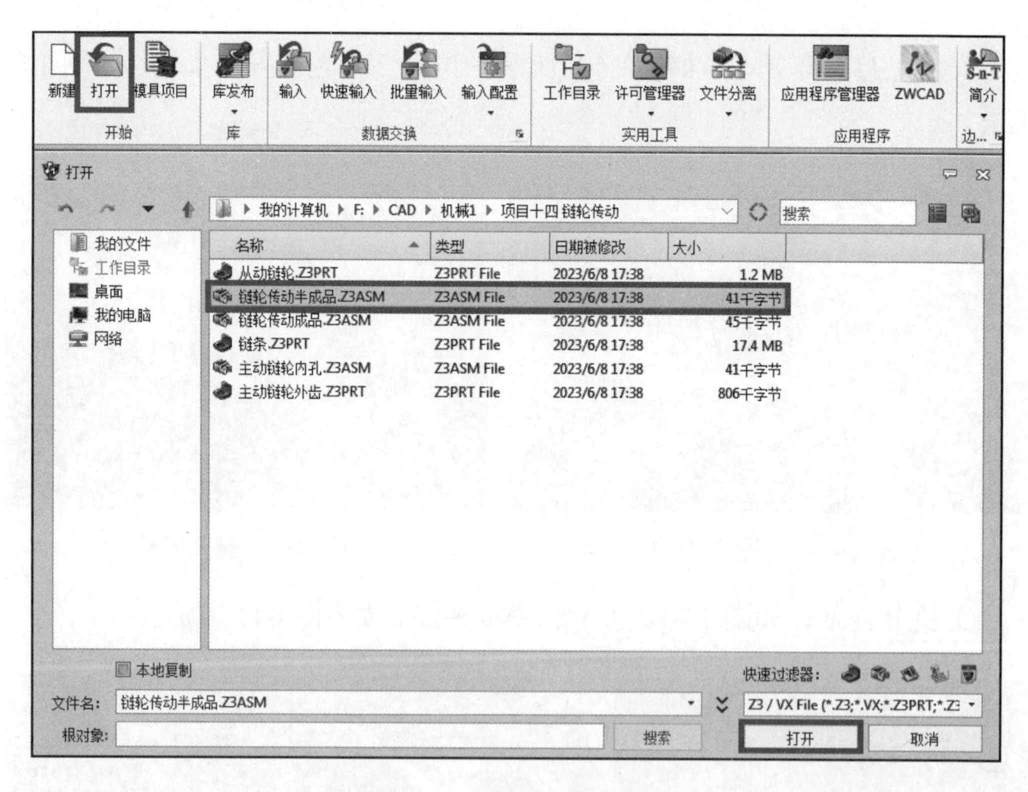

图 14-12　链轮传动半成品

如图 14-13 所示，在“装配”栏中单击“插入”按钮，在弹出的“打开 ”对话框中选择“链条”文件，单击“打开”按钮。

如图 14-14 所示，在任意位置插入一个“链轮”，单击两次“确认”按钮。

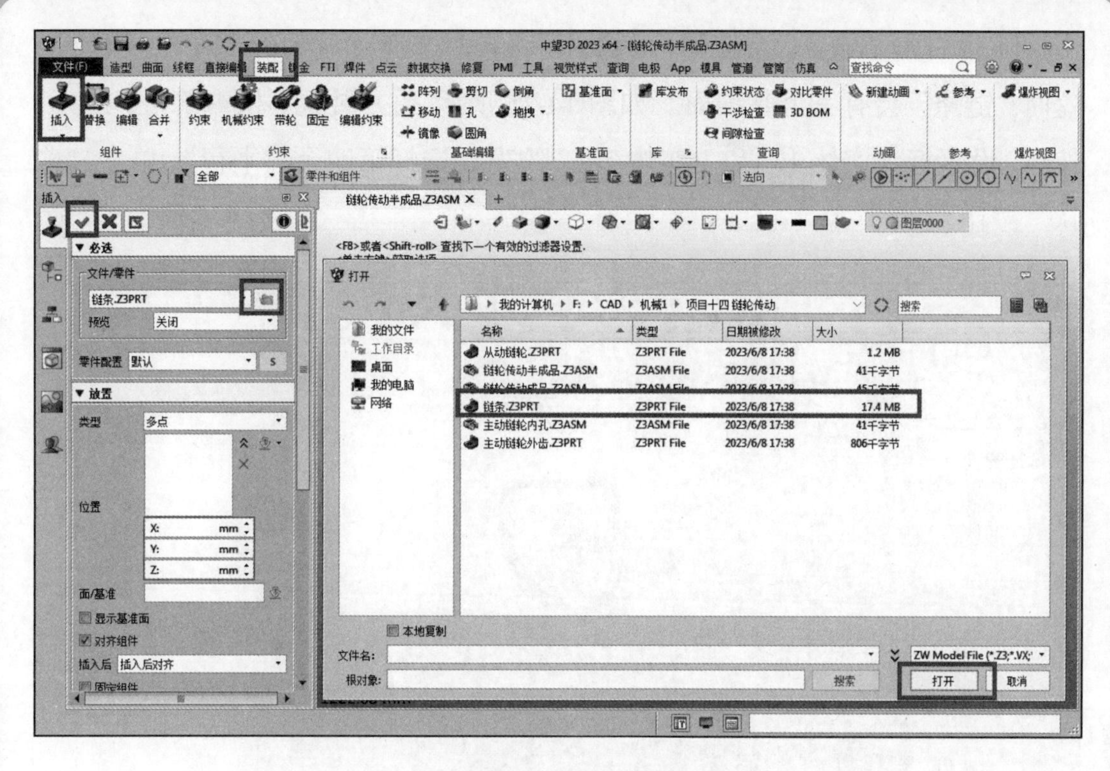

图 14-13　插入链轮

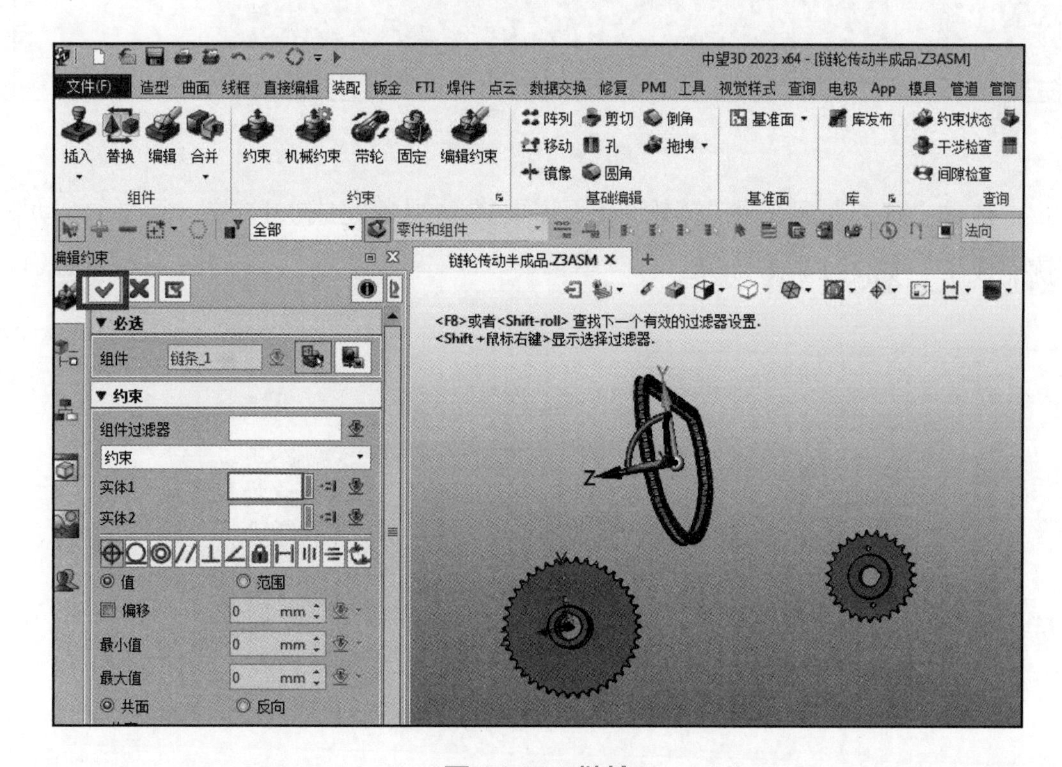

图 14-14　链轮

随后右击“链条”，在弹出的快捷菜单中选择“显示外部基准”命令，这时“链条”会有三个基准面。如图 14-15 所示，在“装配”栏中单击“约束”按钮，设置好“实体 1”和“实体 2”，“约束”选择第四个“平行”，单击“确认”按钮。

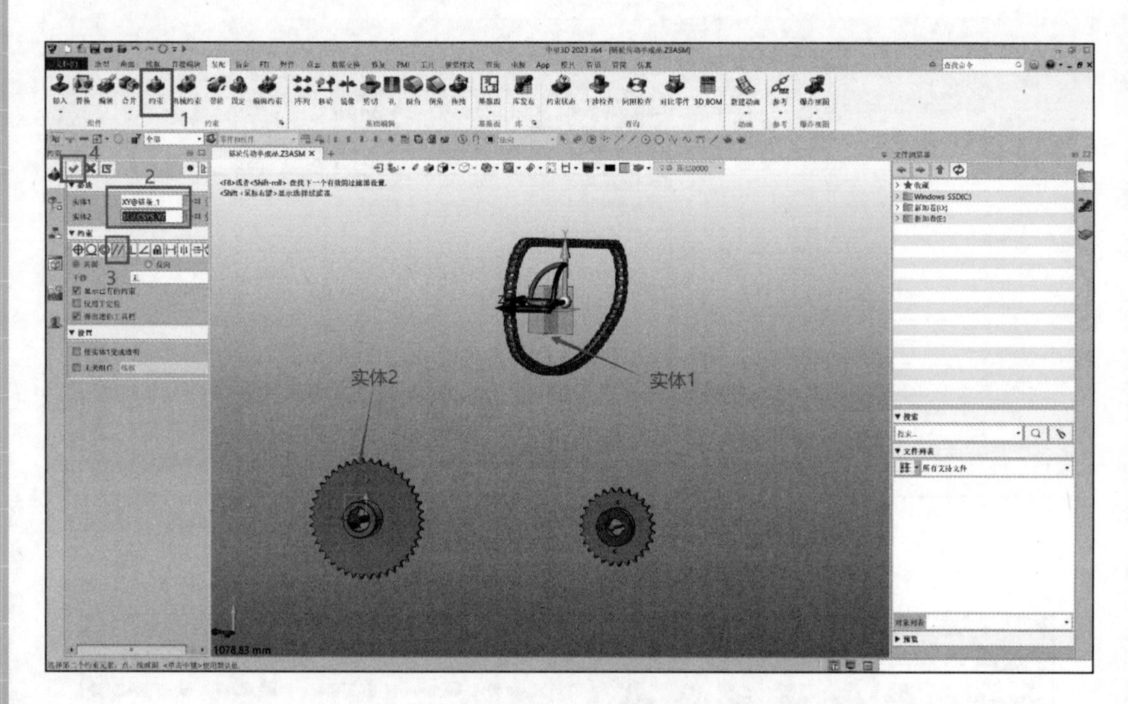

图 14-15 约束

拖动“链条”至 2 个“链轮”上（需要转动视角完成），这样一个“链传动”就完成了，如图 14-16 所示。

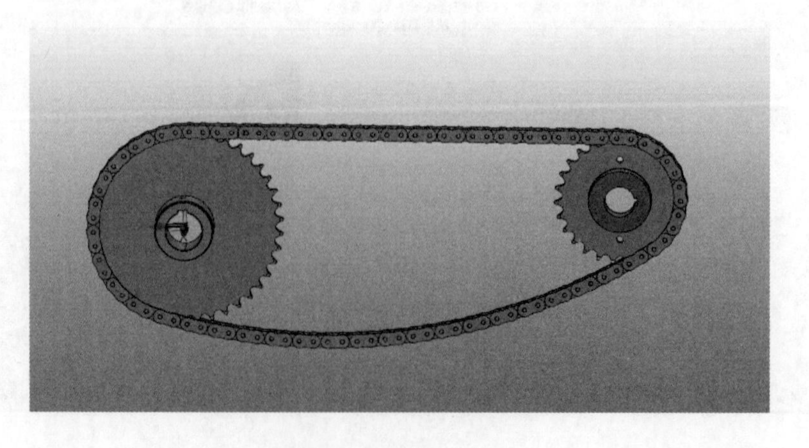

图 14-16 链轮传动

任务 14.4　总结及评价

分组讨论制作过程及体会，写出书面总结；互相检查制作结果，集体给每位同学打分。

1. 任务完成大调查

任务完成后，还要进行总结和讨论，可用表 1-2 所示的打分表进行自我评价。

2. 行为考核

行为考核，主要采用批评与自我批评、自育与互育相结合的方法，通过自我考核和小组考核后班级评定的方式进行。班级每周进行一次民主生活会，就自己的行为进行评议，可用表 1-3 所示的评分表进行评分。

3. 集体讨论题

链传动怎么改变方向？

4. 思考与练习

（1）链传动的优缺点是什么？

（2）链传动比和节距的关系是怎样的？

项目 15 V 带

V 带即 V 形胶带，是一种独特的传送带，用于传递力和物品运输。具有安装简单、占地面积小、传动效率高和噪声小等优点，如图 15-1 所示。

图 15-1 V 带

任务 15.1 认识 V 带及带轮

V 带及带轮组成一个传动系统，要认识和了解该系统要同时了解 V 带和带轮，下面分别介绍 V 带和带轮。

15.1.1 V 带的结构及种类

V 形胶带简称 V 带，又称三角带，是断面为梯形的环形传动带的统称，分特种带芯 V 带和普通 V 带两大类。

1. V 带分类

V 带按其截面形状及尺寸可分为普通 V 带、窄 V 带、宽 V 带、多楔带等；按带体结构可分为包布式 V 带和切边式 V 带；按带芯结构可分为帘布芯 V 带和绳芯 V 带。主要应用于电动机和内燃机驱动的机械设备的动力传动。

1）窄 V 带

窄 V 带由于带体结构的特点，决定了其具有较高的承载能力，较长的寿命，适用于载荷波动较大、工作条件严酷的场合。广泛用于石油、冶金、化工、纺织、起重等工业设备。窄 V 带楔角（V 带两个侧面之夹角）为 40°，相对高度为 0.9，由包布层、伸张胶层、强力层和压缩胶层等部分组成。

强力层由多层涂胶帘布或单排浸胶线绳组成。带顶面宽与带高之比为 1.1~1.2，带宽较普通 V 带缩小了约 1/3，故横向刚度大。带顶呈弓形，使绳芯受力时仍保持排列整齐，因而受力均匀，充分发挥每根线绳的作用。强力层线绳排放位置稍高，带两侧呈内凹形，其强力层和压缩胶层之间设置一层定向纤维胶片。由于结构上的特点，在相同的速度下，传动能力比普通 V 带可提高 0.5~1.5 倍；传动功率相同时，窄 V 带的结构尺寸较普通 V 带减少 50%，使用寿命明显延长，极限速度可达 40 ~ 50m/s，传动效率可达 90%~97%；此外窄 V 带可使传动中心距缩短，带轮宽度减少，因此广泛用于各种动力传递。

2）联组 V 带

联组 V 带是多根相同带型的 V 带顶部联成一体的 V 带组，既有一定的弹性，可以和轮槽很好地贴合，又能使各带受力均匀。运行时，可防止带的抖动、拍击、翻转和掉带。特别适用于有冲击、振动和工作轴垂直于地面的大功率传动。

2. V 带设计

V 带的型号选取，先根据带传动的设计功率 P 和小带轮转速 n 按图初选带型，所选带型是否符合标准，需要考虑传动的空间位置要求及带的根数等才能最后确定。设计时需要考虑如下问题。

（1）V 带通常都是无端环带，为便于安装，应调整轴间距和预紧力。对于没有张紧轮的传动，其中一根轴的轴承位置应该能沿带长方向移动。

（2）传动的结构应便于 V 带的安装与更换。

（3）水平或接近水平的带传动，应使带的紧边在下，松边在上，可增大小带轮的包角。

（4）多根 V 带传动时，为避免各根 V 带的载荷分布不均，同一带轮上 V 带的长度应进行配组，更换必须全部带同时更换。

（5）采用张紧轮传动，会增加带的曲挠次数，缩短带的寿命。

（6）传动装置中，两带轮对应的轮槽中心平面的平面度应小于 $0.002a$（a 为轴间距）；带轮轴线的平行度应小于 $0.006a$。

（7）普通 V 带和窄 V 带不能混用在同一传动装置中。

15.1.2 V 带轮的结构及种类

V 带轮结构由轮缘、轮辐和轮毂组成。根据轮辐结构分为实心式带轮、辐板式带轮、孔板式带轮、轮辐式带轮四种。V 带轮常用材料为灰铸铁、钢、铝合金或工程塑料等，其中以灰铸铁应用最广。

1. V 带轮的结构

V 带轮的结构如图 15-2 所示，由轮缘、轮辐和轮毂三部分组成。

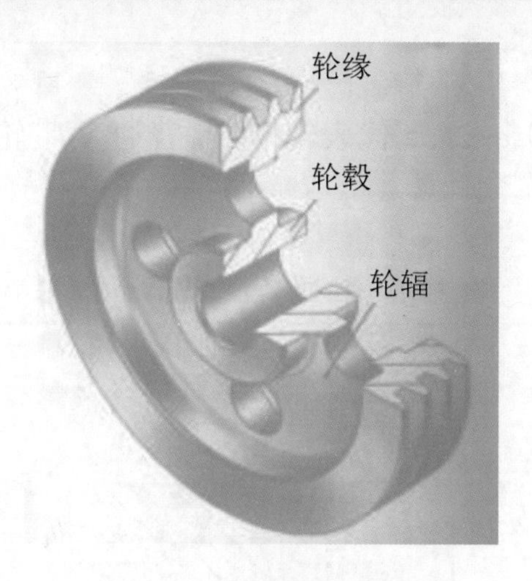

图 15-2 V 带轮的结构

2. V 带轮种类

（1）实心带轮：用于尺寸较小的带轮（d_d≤（2.5~3）d 时），如图 15-3（a）所示。

（2）腹板带轮：用于中小尺寸的带轮＜（d_d≤300 mm 时），如图 15-3（b）所示。

（3）孔板带轮：用于尺寸较大的带轮（（d_d−d）＞100 mm 时），如图 15-3（c）所示。

（4）椭圆轮辐带轮：用于尺寸大的带轮（d_d＞500 mm 时），如图 15-3（d）所示。

其中 d_d 为 V 带轮基准直径，d 为轴直径。

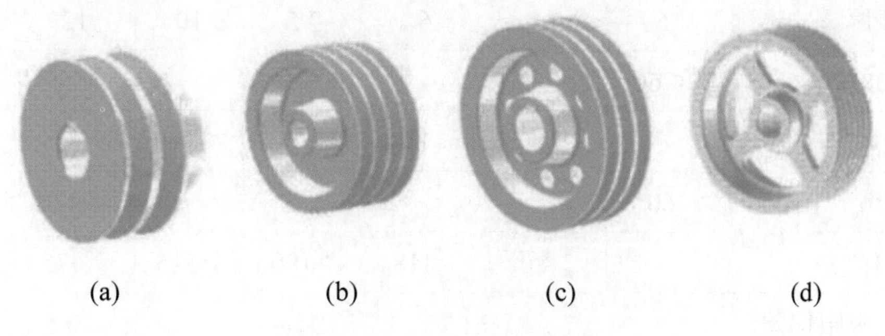

图 15-3 V 带轮种类

（a）实心带轮；（b）腹板带轮；（c）孔板带轮；（d）椭圆轮辐带轮

3. 带轮的参数

带轮宽 $B=(z-1)e+2f$，z 代表轮槽数，普通 V 带轮的轮槽尺寸如表 15-1 所示。

表 15-1　普通 V 带轮的轮槽尺寸　　　　mm

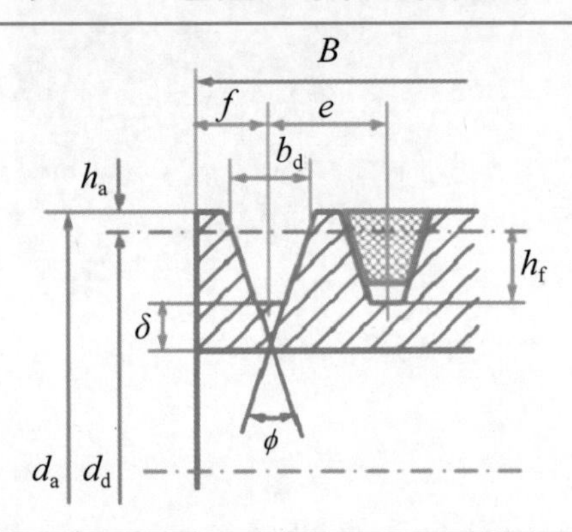

项目	符号	槽型 Y	Z	A	B	C	D	E
基准宽度	b_d	5.3	8.5	11.0	14.0	19.0	27.0	32.0
基准线上槽深	h_{amin}	1.6	2.0	2.75	3.5	4.8	8.1	9.6
基准线下槽深	h_{fmin}	4.7	7.0	8.7	10.8	14.3	19.9	23.4
槽间距	e	8±0.3	12±0.3	15±0.3	19±0.4	25.5±0.5	37±0.6	44.5±0.7
第一槽对称面至端面的距离	f_{min}	6	7	9	11.5	16	23	28
最小轮缘厚	δ_{min}	5	5.5	6	7.5	10	12	15
轮槽角 ϕ 32°	对应的基准直径 d_d	≤60						
轮槽角 ϕ 34°	对应的基准直径 d_d		≤80	≤118	≤190	≤315		
轮槽角 ϕ 36°	对应的基准直径 d_d	60					≤475	≤600
轮槽角 ϕ 38°	对应的基准直径 d_d		>80	>118	>190	>315	>475	>600
轮槽角 ϕ 极限偏差		±1				±0.5		

任务 15.2 V 带轮产品积木拼装

V 带应用在很多方面，为了更好地了解 V 带相关知识，可以自己动手做一个 V 带传动系统，研究和思考一下 V 带的基本规律。

（1）如图 15-4 所示，准备好材料。

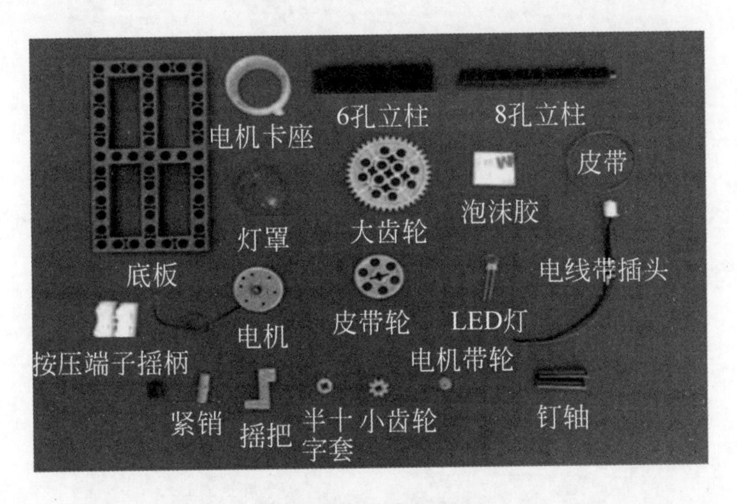

图 15-4　准备材料

（2）如图 15-5 所示，将 2 个 6 孔立柱装在底板上，然后将 8 孔立柱一端用紧销连接在 2 个 6 孔立柱顶端。

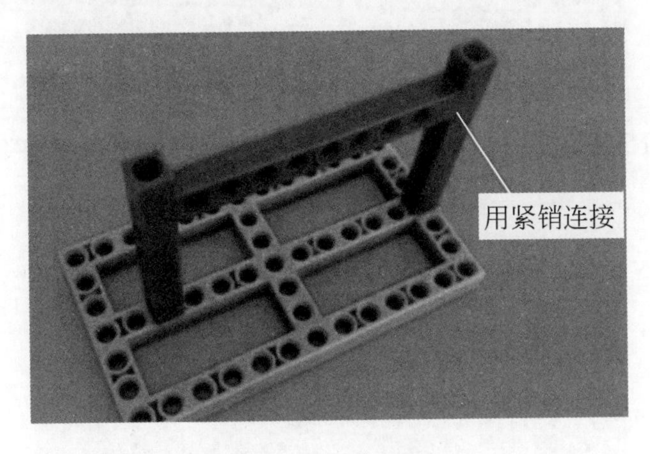

图 15-5　销连接

（3）如图 15-6 所示，用钉轴穿过 8 孔立柱右侧第 1 孔位同时穿过大齿轮中心孔。

图 15-6　穿过大齿轮

（4）如图 15-7 所示，将摇把的十字孔端穿入钉轴，另一端扣上摇柄，将另一钉轴穿入小齿轮然后穿过横立柱右侧第 5 孔位。

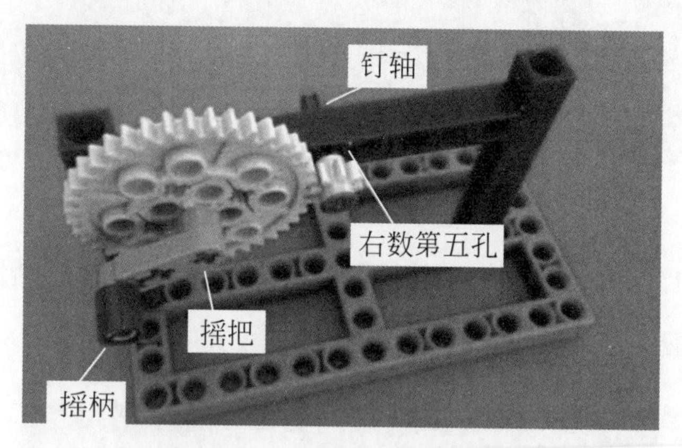

图 15-7　十字孔端穿入钉轴

（5）如图 15-8 所示，在小齿轮的钉轴上依次安装半十字套和皮带轮。

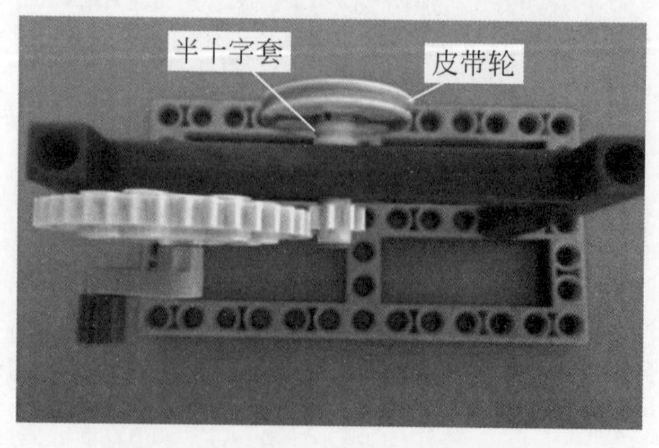

图 15-8　安装半十字套和皮带轮

（6）如图 15-9 所示，将 LED 灯长脚插入接线端子红线端（正极），短脚接入黑线端（负极），然后将接线端子导线从上向下穿入灯罩并从孔中穿出，将 LED 灯长脚从孔中弯折 90° 固定 LED 灯。

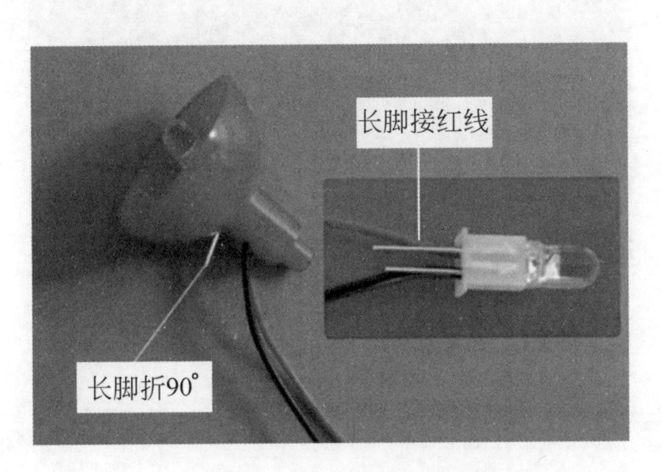

图 15-9　插入 LED 灯长脚

（7）如图 15-10 所示，将灯罩插入左侧立柱顶端，红导线与电动机的红导线插入接线端子左侧，2 根黑色导线插入接线端子右侧，最后将电动机带轮插入电动机杆顶端并将电动机插入电机座。

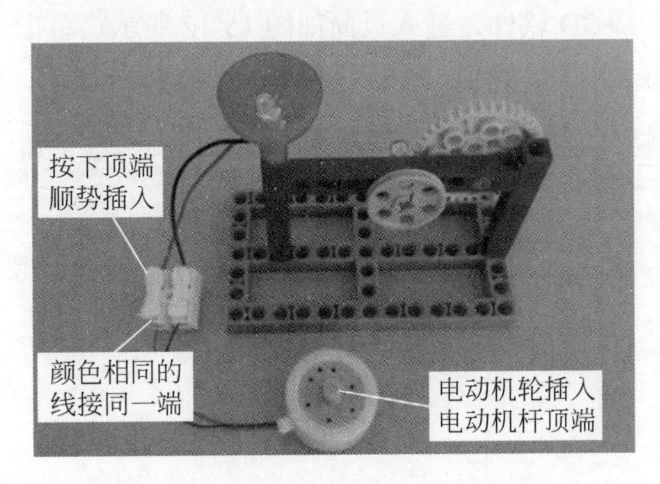

图 15-10　红导线与电动机的红导线插入

（8）将电动机插入左侧立柱下数第 3 孔，并将接线端子用泡沫胶固定在底板最左侧（安装时梳理好导线），在皮带轮和电机带轮上套上皮带，如图 15-11 所示，安装完成。用一只手按住两侧立柱，另一只手轻轻转动摇把，可将灯点亮。

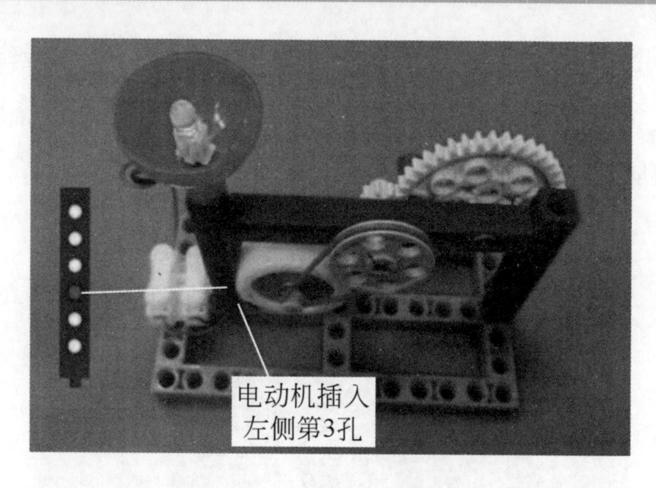

图 15-11　将电动机插入

任务 15.3　机械 CAD 设计 B 型 V 带

V 带可以在中望机械 CAD 软件中进行演示、修改、设计，只需输入各种 V 带参数，就能设计出符合要求的 V 带，并且还可出具设计图纸进行生产。下面具体介绍设计方法。

首先打开中望 3D 软件，进入页面如图 15-12 所示，单击“打开”按钮，在弹出的“打开”对话框中选择“v 带半成品”文件，单击“打开”按钮。

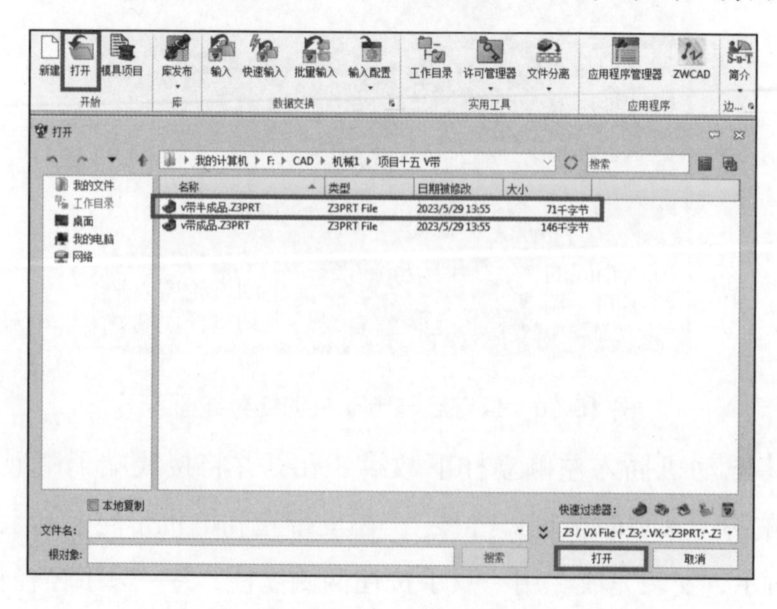

图 15-12　v 带半成品

进入页面后，单击右下角“管理器”按钮，随后在左侧工具栏中找到“修改 1”“修改 2”。如图 15-13 所示，单击“造型”栏中“拉伸”按钮，在弹出的“拉伸”对话框中，“轮廓 P”选择图中的“修改 1”，“结束点 S”设置为 −400mm，“布尔运算”选择第三个“减运算”，然后单击“确认”按钮。

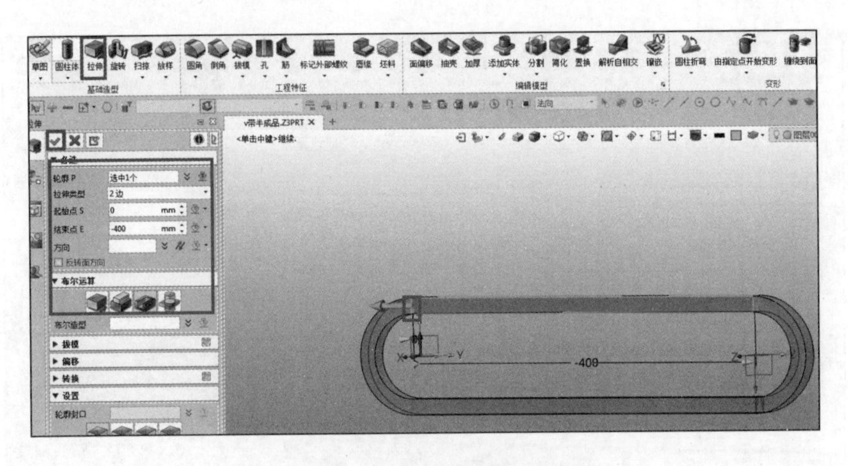

图 15-13　设置拉伸

如图 15-14 所示，单击“造型”栏中的“旋转”按钮，在弹出的“旋转”对话框中，“轮廓 P”选择“修改 1”，“轴 A”选择左下角红色的 X 轴，“结束角度 E”设置为 180°，“布尔运算”选择第三个“减运算”，单击“确认”

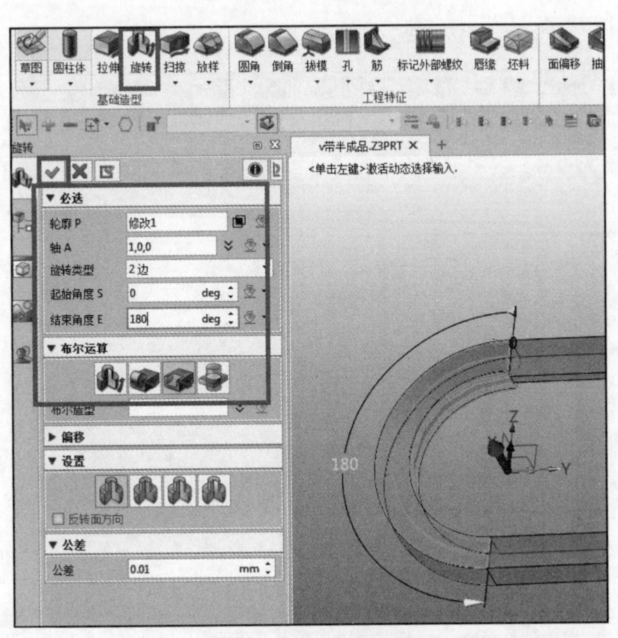

图 15-14　设置旋转

按钮。

在“造型”栏中单击“拉伸”按钮，如图 15-15 所示，在弹出的“拉伸”对话框中，“轮廓 P”选择“修改 2”，“结束点”设置为 – 400mm，“布尔运算”选择“减运算”，单击“确认”按钮。

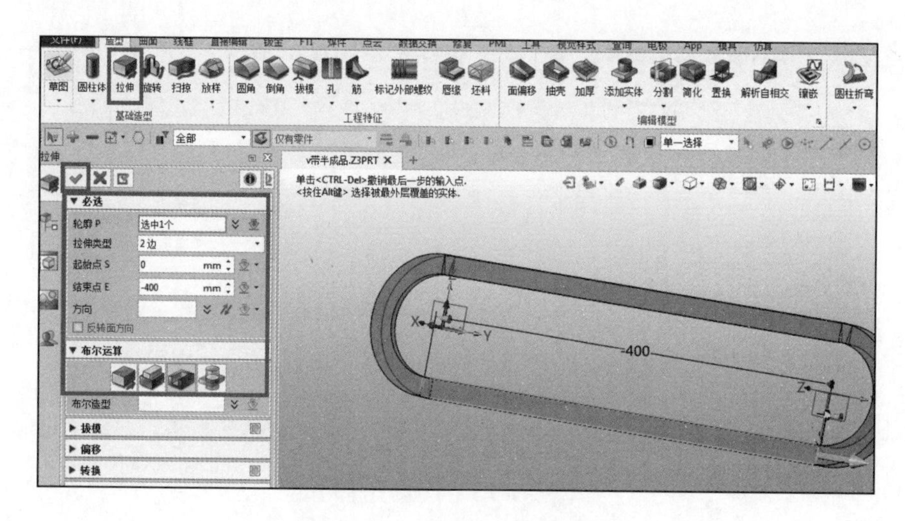

图 15-15　设置拉伸修改

如图 15-16 所示，在“装配”栏中单击“旋转”按钮，“轮廓 P”选择“修改 2”，“轴 A”选择 Z 轴，“结束角度 S”设置为 180° ，“布尔运算”选择“减运算”，最后单击“确认”按钮。

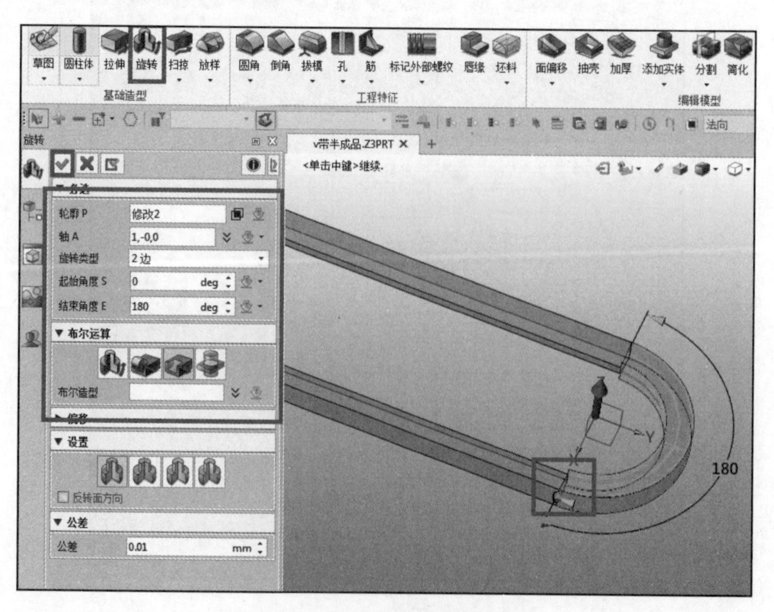

图 15-16　设置旋转修改

如图 15-17 所示，分别右击左边工具栏中的“默认 CSYS”“CSYS2”“修改 1”“修改 2”，在弹出的快捷菜单选择“隐藏”命令即可。

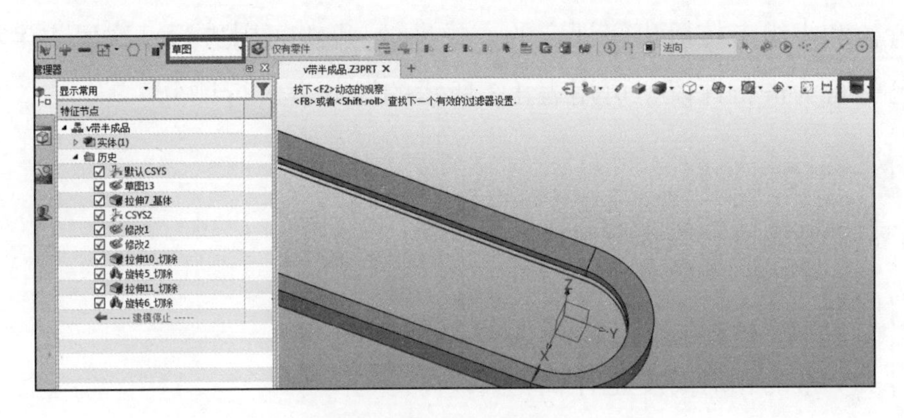

图 15-17　隐藏

这样一条 B 型 V 带就完成了，如图 15-18 所示。

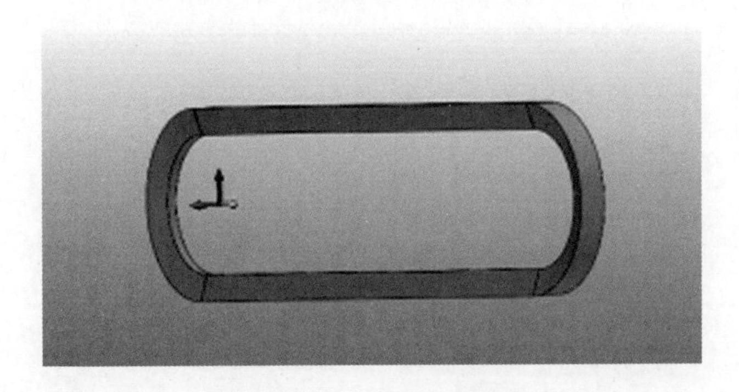

图 15-18　B 型 V 带

任务 15.4　总结及评价

分组讨论制作过程及体会，写出书面总结；互相检查制作结果，集体给每位同学打分。

1. 任务完成大调查

任务完成后，还要进行总结和讨论，可用表 1-2 所示的打分表进行自我评价。

2. 行为考核

行为考核，主要采用批评与自我批评、自育与互育相结合的方法，通过自我考核和小组考核后班级评定的方式进行。班级每周进行一次民主生活会，就自己的行为进行评议，可用表 1-3 所示的评分表进行评分。

3. 集体讨论题

V 带的断面由哪些部分组成？

4. 思考与练习

（1）V 带的相对高度是什么？

（2）影响 V 带传动能力的因素有哪些？